信息技术科普丛书

QUANTUM COMPUTING

A BEGINNER'S INTRODUCTION

初识量子计算

[美] 帕拉格 · K. 拉拉（Parag K. Lala）著

杨延华 邓成 译

机械工业出版社
China Machine Press

图书在版编目（CIP）数据

初识量子计算 /（美）帕拉格·K. 拉拉（Parag K. Lala）著；杨延华，邓成译 . —北京：机械工业出版社，2020.10（2023.1 重印）
（信息技术科普丛书）
书名原文：Quantum Computing：A Beginner's Introduction

ISBN 978-7-111-66629-5

I. 初… II. ①帕… ②杨… ③邓… III. 量子计算机 IV. TP385

中国版本图书馆 CIP 数据核字（2020）第 184134 号

北京市版权局著作权合同登记 图字：01-2019-2168 号。

初识量子计算

出版发行：机械工业出版社（北京市西城区百万庄大街 22 号 邮政编码：100037）
责任编辑：曲 熠
责任校对：李秋荣
印 刷：北京建宏印刷有限公司
版 次：2023 年 1 月第 1 版第 3 次印刷
开 本：147mm × 210mm 1/32
印 张：6.625
书 号：ISBN 978-7-111-66629-5
定 价：59.00 元

客服电话：（010）88361066 68326294

•• 译者序 ••

量子计算是一种基于量子力学的、颠覆式的计算模式，它以量子位为基本单元，通过量子态的受控演化实现数据存储，具有经典计算技术难以企及的信息携带量以及并行处理能力，同时能耗更低。因此，"在不久的将来，量子计算可以改变世界"已经成为共识。

在过去的十几年里，关于量子计算的各种物理实现的原理性验证发展迅速，全球主要国家纷纷加码布局量子计算领域，产业巨头开展全球合作，联合攻关共性技术，推动技术与应用的加速发展。国内科研机构与高校也开展了大量理论研究，目前在多光子纠缠领域一直保持国际领先地位。

由于量子计算是涉及物理学、计算机科学和数学等多学科的综合性交叉领域，因此要使初学者全面理解这个研究领域并不容易，而本书就是一本非常好的量子计算入门读物。读者无须具备过多物理学、计算机科学以及电气工程相关的专业知识，就可以了解量子的基本概念、性质和原理。同时，书中还介绍了量子力学的发展历史，深入讨论了量子电路、量子叠加与纠缠、量子纠错、量子算法、量子密码学等内容。全书内容丰富，层次分明，以通俗易懂的方式完整且系统地介绍量子计算的基础知识以及近些年的研究成果，可以迅速帮助读者全面了解该领域的重要方法及成果。因此，我向那些对量子计算感兴趣的初学者强烈推荐本书！本书既可作为一般读者了解该领域的科普入门读物，也可作为高等院校电子信息、通信工程、计算机科学、物理学等专业的通识教材，为读者今后独立从事量子计算与量子信息研究做好准备。

未来“量子革命”的竞争将会愈演愈烈，希望这本书能引领更多的人走进量子世界！

由于译者水平有限，不当之处在所难免，敬请广大读者指正，译者在此先致感谢之意。

译者
于西安电子科技大学

前言

量子计算基于量子力学原理，描述的是非常小的粒子(原子和亚原子)的行为。由于这些粒子的运动方式，量子计算机的运算速度比传统计算机快很多。在过去的20年里，量子计算已经发展为物理学家、计算机科学家和电气工程师的主要研究领域。

本书旨在对量子计算做简单的介绍，主要涵盖量子计算系统的概念及其工作方式，读者无须具备电气工程、计算机科学或物理学相关的高级专业知识。

本书的主要目标是在无须关注过多数学细节的情况下以一种通俗易懂的方式呈现量子力学的内容。也就是说，本书不要求过多的高级知识储备，所有必要的预备知识都会在适当的位置提供给读者。

这本书一共分为10章。第1章复习了复数和向量的知识，并介绍了在量子力学中广泛用于表示量子态的狄拉克符号，即左矢和右矢。

第2章讨论了量子力学的发展，以及物质在原子和亚原子层次上的行为。

第3章全面介绍矩阵和算子。算子在量子计算中得到了广泛的应用，它们作用于量子态并改变量子态。在量子计算中，所有的算子都是线性的，并且都用矩阵表示。

第 4 章介绍了布尔代数和常规逻辑门的基础知识。详细讨论了量子信息处理的原理，并介绍了量子位。正如位（也称为比特）是经典计算机中信息的基本单位一样，量子位也是量子计算机中信息的基本单位。

第 5 章介绍了量子门。量子门在数学上表示为变换矩阵，本章详细介绍了单量子位门和双量子位门的工作原理。

第 6 章讨论了量子粒子的两个有趣的特性——叠加和纠缠，两者都被用于量子计算。为了理解叠加和纠缠的概念，需要对张量积有一定的了解，因此本章首先对张量积进行了简要介绍。

第 7 章讨论了另外两个量子信息的独特特性——隐形传态和超密编码。隐形传态是通过只发送经典位来传输量子数据的能力，而超密编码则是通过只发送一个量子位来传输两个经典位。

量子计算系统的一个主要问题是，每当量子位与环境交互时，它就会被损坏。然而，就像在经典计算系统中一样，可以使用纠错码来检测和纠正量子位的错误。第 8 章讨论了量子系统中可能存在的错误类型以及用于纠正这些错误的技术。

第 9 章讨论了量子计算受到如此多关注的主要原因之一——它可以借用线性代数中的数学运算来处理量子信息。这推动了多个量子算法的开发，这些算法可以用于执行数据库搜索，以及在很短的时间内实现大整数分解——在传统的计算机上执行这些运算通常要花费大量时间。本章讨论了一些著名的量子算法。

第 10 章首先讨论经典密码系统和各种数据加密技术，然后介绍利用光子（光粒子）的固有量子特性对数据进行编码的量子密码学原理，还讨论了用于量子密钥分发协议的几种重要技术。

感谢家人在我撰写这本书的过程中给予的鼓励和支持。我的妻子 Meena 自始至终都在支持这项工作。她仔细检查了各个版本的草稿，还提出了很多使本书对读者更友好的方法及建议，并对错误进行了修正。我的女儿 Nupur 和儿子 Kunal 也帮了忙。特别感谢 Nupur，她在开始住院医生实习项目之前的休息期间帮我修改了全部手稿。我还要感谢这本书的产品经理 Dolly Sarangthem 女士的合作与耐心。最后，衷心感谢我的前同事也是我的好朋友 Ugur Tanriver 博士，感谢他与我进行了多次有趣的讨论，此外，他在许多别的方面也帮助过我，对此我心存感激。

•• 目 录 ••

第1章

复数、向量空间和狄拉克表示法

1.1 复数

理解量子计算需要具备一些关于复数性质的知识。本节假定读者已经了解复数，知道复数是由两种基本数组成的——实数和虚数，可以是二次方程的解。

复数 c 可以表示为：

$$c = a + b\mathrm{i}$$

其中，a 和 b 是实数，$\mathrm{i}=\sqrt{-1}$。

实数 a 和 b 表示复数的实部和虚部：

$$a = \text{复数 } c \text{ 的实部} = \mathrm{Re}(a+b\mathrm{i})$$

$$b = \text{复数 } c \text{ 的虚部} = \mathrm{Im}(a+b\mathrm{i})$$

比如，$c=6+4\mathrm{i}$，则有 $a=6$，$b=4$。

从上面的定义中可以看出，实数和虚数是复数的子集。如果 $\mathrm{Re}(a+b\mathrm{i})=0$，则 c 就是一个纯虚数；如果 $\mathrm{Im}(a+b\mathrm{i})=0$，则 c 就

是一个纯实数。

复数有两个实坐标，即实部和虚部[1]。因此，可以将复数的实部 a 作为一个点的 x 坐标，虚部 b 作为 y 坐标，将其绘制成复平面上的一点(图 1.1)。复平面的横轴称为实轴，纵轴称为虚轴。

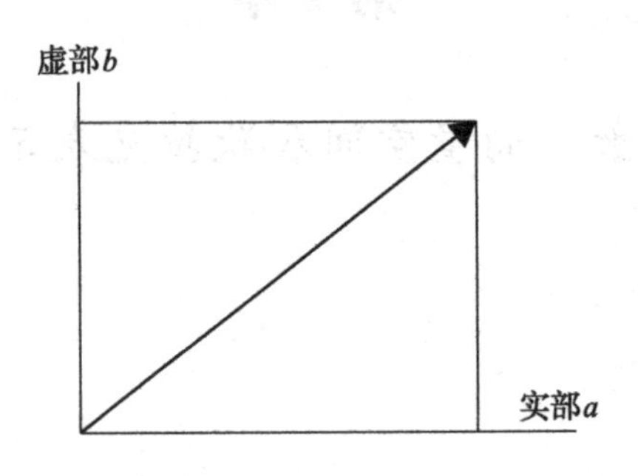

图 1.1　复数平面

如上所述，有两种特殊情况：$b=0$ 或 $a=0$。当 $b=0$ 时，

$$c = a + 0\mathrm{i} = a$$

因此，每个实数也是一个复数。

当 $a=0$ 时，复数称为纯虚数。请注意，

$$0 = 0 + 0\mathrm{i}$$

因此，0 既是实数又是纯虚数。

从图 1.1 可以看出，利用勾股定理可以得到复数的幅值(或长度)：

$$|c| = \sqrt{a^2 + b^2}$$

即复数的幅值就是复数实部和虚部平方和的正平方根。

复数可以与实数进行相加或相乘等运算，只要记住 $\mathrm{i}^2=-1$。运算规则如下：

加法：

$$(a+\mathrm{i}b)+(c+\mathrm{i}d)=(a+c)+\mathrm{i}(b+d)$$

乘法：

$$(a+\mathrm{i}b)\times(c+\mathrm{i}d)=(ac-bd)+\mathrm{i}(ad+bc)$$

除法：

$$\frac{a+\mathrm{i}b}{c+\mathrm{i}d}=\frac{a+\mathrm{i}b}{c+\mathrm{i}d}\times\frac{(c+\mathrm{i}d)^*}{(c+\mathrm{i}d)^*}$$

[分子分母同时乘以 $(c+\mathrm{i}d)^*$]

$$=\frac{a+\mathrm{i}b}{c+\mathrm{i}d}\times\frac{c-\mathrm{i}d}{c-\mathrm{i}d}$$

$$=\frac{(ac+bd)+\mathrm{i}(bc-ad)}{(c^2+d^2)}$$

1.2　复共轭

在复数理论中，复共轭运算具有非常重要的地位。复数 c 的共轭是用 $-\mathrm{i}$ 代替 i 得到的，将 c 的复共轭记作 c^*，

$$c^*=a-\mathrm{i}b$$

如图 1.2 所示，复数 c 和 c^* 关于实轴对称。

代数表达式的复共轭可以通过以下两个关系式推导：

$$(a+b)^*=a^*+b^*$$

$$(ab)^*=a^*b^*$$

复数 $c=a+\mathrm{i}b$ 的模或绝对值记作 $|c|$，表示点 c 到复平面上原点的距离。同样，$|c|$ 是对应于 c 的向量的长度。

c 的平方模量 $|c|^2$ 是 c 与其复共轭 c^* 的乘积，可以看出，$cc^*=|c|^2$ 是一个实数且是一个正数，

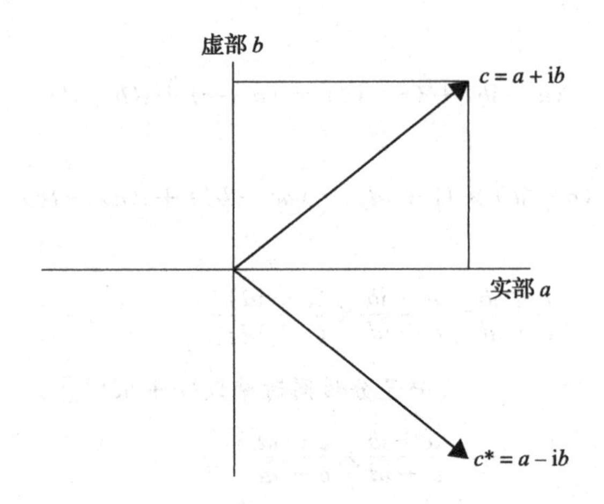

图 1.2　复共轭

$$
\begin{aligned}
cc^* &= (a + \mathrm{i}b)(a - \mathrm{i}b) \\
&= a^2 + b^2 \\
&= (\sqrt{a^2 + b^2})(\sqrt{a^2 + b^2}) \\
&= |c|^2
\end{aligned}
$$

复数 c 的绝对值也叫幅值，表示为

$$|c| = \sqrt{cc^*} = \sqrt{a^2 + b^2}$$

注意，复数 c 的平方模量不等于 c^2。因为如果 $c = a + \mathrm{i}b$，则

$$c^2 = (a^2 - b^2) + \mathrm{i}(2ab)$$

平方模量总是一个正数，而复数的平方通常还是一个复数。

复共轭的性质有：

1. 乘积的共轭等于共轭的乘积：

$$(c_1 c_2)^* = c_1^* c_2^*$$

2. 和的共轭等于共轭的和：

$$(c_1 + c_2)^* = c_1^* + c_2^*$$

3. 共轭的共轭是复数本身：

$$(c^*)^* = c$$

1.3　向量空间

向量空间 V 是一个包含元素、元素的域 F 以及两个运算的集合，其中元素称为向量，元素的域 F 称为标量，两个运算分别为向量加法和标量乘法。域是一组标量，满足如果 a 和 b 属于域 F，则 $a+b$、$a-b$、ab 和 a/b(假定 a/b 时 $b \neq 0$)也属于 F。

加法：该运算取 V 中任意两个向量 $\boldsymbol{u}$ 和 $\boldsymbol{v}$，生成 V 中的第三个向量，记作 $\boldsymbol{u}+\boldsymbol{v}$。加法运算满足以下条件：

1. $\boldsymbol{u}+\boldsymbol{v}$ 是 V 中的一个向量　　(闭合性)
2. $\boldsymbol{u}+\boldsymbol{v}=\boldsymbol{v}+\boldsymbol{u}$　　(交换律)
3. $(\boldsymbol{u}+\boldsymbol{v})+\boldsymbol{w}=\boldsymbol{u}+(\boldsymbol{v}+\boldsymbol{w})$　　(结合律)
4. V 里有一个零向量 0，对 $\forall \boldsymbol{u} \in V$，有 $\boldsymbol{u}+0=\boldsymbol{u}$　　(单位元)
5. $\forall \boldsymbol{u} \in V$，在 V 中都有一个向量 $-\boldsymbol{u}$，使得 $\boldsymbol{u}+(-\boldsymbol{u})=0$　　(逆元素)

乘法：标量乘法在域 F 中取一个标量 c，在 V 中取一个向量 $\boldsymbol{v}$，生成一个 V 中的新向量 $c\boldsymbol{v}$，满足以下条件：

1. $c\boldsymbol{v}$ 也是 V 中的一个向量　　(闭合性)
2. $c(\boldsymbol{u}+\boldsymbol{v})=c\boldsymbol{u}+c\boldsymbol{v}$　　(分配律)
3. $(c+d)\boldsymbol{u}=c\boldsymbol{u}+d\boldsymbol{u}$　　(分配律)
4. $c(d\boldsymbol{u})=(cd)\boldsymbol{u}$　　(结合律)
5. $1(\boldsymbol{u})=\boldsymbol{u}$　　(单位元)

以复向量空间 C^n 中的两个行向量 $\boldsymbol{X}$ 和 $\boldsymbol{Y}$ 为例

$$\boldsymbol{X} = (x_1, x_2, \cdots, x_n)$$

$$\boldsymbol{Y} = (y_1, y_2, \cdots, y_n)$$

加法运算如下所示：

$$\boldsymbol{X}+\boldsymbol{Y} = (x_1 + y_1, x_2 + y_2, \cdots, x_n + y_n)$$

乘法运算是将 $\boldsymbol{X}$（或 $\boldsymbol{Y}$）的每个分量乘以一个复数 c：

$$c(\boldsymbol{X}) = (cx_1, cx_2, \cdots, cx_n)$$

显然满足向量空间的所有条件，因此 C^n 确实是一个向量空间。

1.4 基集

在经典物理学中，位于三维空间中任一点的粒子的位置可以由该点的 x，y，z 坐标来确定，且 x，y，z 这三个轴是正交的。在量子力学中也有类似的表示方法，即用一个基集来表示态向量。对于一个向量空间，基集就是一个向量子集，向量空间中的任意向量都可以唯一地被表示为该子集中向量的线性组合。

然而，子集中的任何向量都不能被表示为除该子集外其他剩余向量的线性组合。通常，n 维向量空间有一组由 n 个不同的向量组成的基集。如果基中的向量是单位向量，即每个向量的模都是 1，并且每个向量都垂直于其他向量，那么这组基就叫作标准正交基。例如，单位向量 $\boldsymbol{i}$，$\boldsymbol{j}$，$\boldsymbol{k}$ 构成了标准三维向量空间的一组标准正交基。单位向量 $\boldsymbol{i}$，$\boldsymbol{j}$，$\boldsymbol{k}$ 为标准单位向量：

$$\boldsymbol{i} = \begin{bmatrix} 1 \\ 0 \\ 0 \end{bmatrix}, \quad \boldsymbol{j} = \begin{bmatrix} 0 \\ 1 \\ 0 \end{bmatrix}, \quad \boldsymbol{k} = \begin{bmatrix} 0 \\ 0 \\ 1 \end{bmatrix}$$

任意一个向量都可以被表示为这组标准单位向量的线性组合：

$$\boldsymbol{v}=\begin{bmatrix}v_1\\v_2\\v_3\end{bmatrix}$$

$$=v_1\begin{bmatrix}1\\0\\0\end{bmatrix}+v_2\begin{bmatrix}0\\1\\0\end{bmatrix}+v_3\begin{bmatrix}0\\0\\1\end{bmatrix}$$

$$=v_1\boldsymbol{i}+v_2\boldsymbol{j}+v_3\boldsymbol{k}$$

如上所述，在笛卡儿三维空间中，向量 $\boldsymbol{v}$ 是三个数字的集合，称为分量（$\boldsymbol{v}_x$，$\boldsymbol{v}_y$，$\boldsymbol{v}_z$）。这个空间中的任何向量 $\boldsymbol{v}$ 都可以用三个单位向量 $\boldsymbol{i}$，$\boldsymbol{j}$，$\boldsymbol{k}$ 展开(图 1.3)。

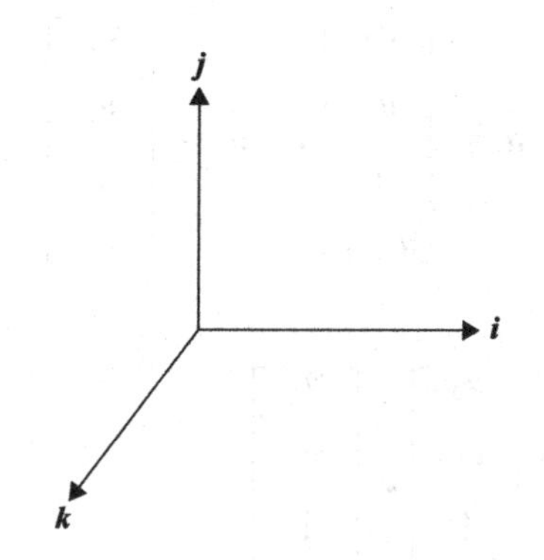

图 1.3　单位向量 $\boldsymbol{i}$，$\boldsymbol{j}$，$\boldsymbol{k}$ 分别沿着 x 轴、y 轴和 z 轴

内积运算可以从向量生成数字。两个向量 $\boldsymbol{u}$ 和 $\boldsymbol{v}$ 的内积，在笛卡儿三维空间中定义为：

$$\boldsymbol{u}\cdot\boldsymbol{v}=\boldsymbol{u}_x\boldsymbol{v}_x+\boldsymbol{u}_y\boldsymbol{v}_y+\boldsymbol{u}_z\boldsymbol{v}_z$$

向量 $\boldsymbol{u}$ 的长度也称为向量的模，为 $\sqrt{\boldsymbol{u}\cdot\boldsymbol{u}}$。

在量子计算中，向量是复向量空间中的元素。N 维复向量空间中的向量 $\boldsymbol{v}$ 可以表示为

$$\boldsymbol{v} \in C^N$$

一个 N 维的向量空间有 N 个基向量和 N 个分量。该空间中的一个向量可以表示为

$$|\boldsymbol{v}\rangle = \begin{bmatrix} v_0 \\ v_1 \\ \vdots \\ v_{N-1} \end{bmatrix}$$

两个向量 $\boldsymbol{u}$ 和 $\boldsymbol{v}$ 在复空间内的内积记作 $\langle\boldsymbol{uv}\rangle$，这是一个以 $\boldsymbol{u}$ 和 $\boldsymbol{v}$ 为输入，生成一个复数作为输出的运算。假设向量 $\boldsymbol{u}$ 和 $\boldsymbol{v}$ 的列表示为

$$\boldsymbol{u} = \begin{bmatrix} u_0 \\ u_1 \\ \vdots \\ u_{N-1} \end{bmatrix}, \quad \boldsymbol{v} = \begin{bmatrix} v_0 \\ v_1 \\ \vdots \\ v_{N-1} \end{bmatrix}$$

则它们的内积为：

$$\langle\boldsymbol{uv}\rangle = \begin{bmatrix} u_0 \\ u_1 \\ \vdots \\ u_{N-1} \end{bmatrix} \cdot \begin{bmatrix} v_0 \\ v_1 \\ \vdots \\ v_{N-1} \end{bmatrix}$$

$$= \boldsymbol{u}^* \boldsymbol{v} = (u_0^*, u_1^*, \cdots, u_{N-1}^*) \begin{bmatrix} v_0 \\ v_1 \\ \vdots \\ v_{N-1} \end{bmatrix}$$

$$= \sum_{i=0}^{N-1} u_i^* v_i$$

其中 $\boldsymbol{u}^* = (u_0^*, u_1^*, \cdots, u_{N-1}^*)$是 $\boldsymbol{u}$ 的复共轭。

例如，两个量子态 $\boldsymbol{w}_1$ 和 $\boldsymbol{w}_2$ 的内积可以通过取复共轭得到，这两个量子态分别用复向量空间中的两个列向量表示：

$$\boldsymbol{w}_1 = \begin{bmatrix} 3+\mathrm{i} \\ 4-\mathrm{i} \end{bmatrix}, \quad \boldsymbol{w}_2 = \begin{bmatrix} 3\mathrm{i} \\ 4 \end{bmatrix}$$

第一个向量 $\boldsymbol{w}_1$ 取复共轭，然后乘以第二个向量对应的分量，最后把这些乘积相加：

$$\langle \boldsymbol{w}_1 \ \boldsymbol{w}_2 \rangle = \boldsymbol{w}_1^* \boldsymbol{w}_2$$

$$= \begin{bmatrix} 3-\mathrm{i} \\ 4+\mathrm{i} \end{bmatrix} \begin{bmatrix} 3\mathrm{i} \\ 4 \end{bmatrix}$$

$$= 19 + 13\mathrm{i}$$

由于向量的长度(模)可以由向量与自身的内积的平方根得到，所以向量

$$\begin{bmatrix} 1-\mathrm{i} \\ 2 \end{bmatrix}$$

的长度为

$$\sqrt{\langle \begin{bmatrix} 1-\mathrm{i} \\ 2 \end{bmatrix} \begin{bmatrix} 1+\mathrm{i} \\ 2 \end{bmatrix} \rangle} = \sqrt{1+1+4} = \sqrt{6}$$

1.5　狄拉克符号

在量子力学中，用狄拉克符号来标记量子态。在该符号体系中将两个向量 $\boldsymbol{u}$ 和 $\boldsymbol{v}$ 的内积表示为$\langle \boldsymbol{u} | \boldsymbol{v} \rangle$，其中左边的$\langle \boldsymbol{u} |$被称为

左矢(bra)，右边的$|\boldsymbol{v}\rangle$被称为*右矢*(ket)，因此狄拉克符号也被称为*左矢-右矢符号*，内积用⟨⟩(bra-ket)表示。

1.5.1 右矢

复向量空间V中的向量$\boldsymbol{v}$可以用右矢表示为：

$$|\boldsymbol{v}\rangle \in V$$

右矢类似于列向量。由于向量空间是复数，列向量中的所有项都是复数。例如，对N个基向量$|\boldsymbol{i}\rangle$，$i=0$，1，…，$N-1$，任意向量$|\boldsymbol{v}\rangle$都可以写成

$$|\boldsymbol{v}\rangle = \sum_{i=0}^{N-1} c_i |\boldsymbol{i}\rangle$$

其中c_i是一个任意的复数集合。$|\boldsymbol{v}\rangle$还可以被写成N个复数列向量的形式，

$$|\boldsymbol{v}\rangle = \begin{bmatrix} v_0 \\ v_1 \\ \vdots \\ v_{N-1} \end{bmatrix}$$

两个右矢的和还是一个右矢。右矢的加法满足交换律

$$|\boldsymbol{\psi}\rangle + |\boldsymbol{\varphi}\rangle = |\boldsymbol{\varphi}\rangle + |\boldsymbol{\psi}\rangle$$

以及结合律

$$(|\boldsymbol{\psi}\rangle + |\boldsymbol{\varphi}\rangle) + |\boldsymbol{\omega}\rangle = |\boldsymbol{\psi}\rangle + (|\boldsymbol{\varphi}\rangle + |\boldsymbol{\omega}\rangle)$$

请注意，在加法运算中，右矢集都是闭合的。

右矢的性质

$$(c_1 + c_2)|\boldsymbol{u}\rangle = c_1|\boldsymbol{u}\rangle + c_2|\boldsymbol{u}\rangle$$

$$c_1(c_2|\boldsymbol{u}\rangle) = (c_1c_2)|\boldsymbol{u}\rangle$$

$$c(|\boldsymbol{u}\rangle + |\boldsymbol{v}\rangle) = c|\boldsymbol{u}\rangle + c|\boldsymbol{v}\rangle$$

$$1|\boldsymbol{u}\rangle = |\boldsymbol{u}\rangle$$

$$|\boldsymbol{u}\rangle + 0 = |\boldsymbol{u}\rangle$$

由于量子计算只处理复向量空间，因此标量 c 也被假定为复数。一个复数 c 和一个右矢 $|\boldsymbol{u}\rangle$ 的乘积可以写为

$$c|\boldsymbol{u}\rangle = |\boldsymbol{u}\rangle c$$

一个右矢也可以写成其他右矢的线性组合：

$$|\boldsymbol{v}\rangle = \sum_{i=0}^{N-1} |v_i\rangle$$

也可以写成

$$|\boldsymbol{v}\rangle = \begin{bmatrix} v_0 \\ v_1 \\ v_2 \\ \vdots \\ v_{N-1} \end{bmatrix}$$

注意，在向量空间中有一个特殊的向量——*零向量*。零向量记作 0，而不是 $|0\rangle$，所以

$$|\boldsymbol{u}\rangle + 0 = |\boldsymbol{u}\rangle$$

$$0|\boldsymbol{u}\rangle = 0$$

1.5.2　左矢

在线性代数中，同时使用列向量和行向量。狄拉克符号提供了一个称为*左矢*的符号来表示行向量。对应于右矢 $|0\rangle$ 和 $|1\rangle$ 的左

矢分别为

$$\langle 0| = [1 \quad 0]$$

$$\langle 1| = [0 \quad 1]$$

在复向量空间 V 中，每一个右矢都对应一个唯一的左矢，这个对应的左矢是通过求右矢的共轭转置得到的(反之亦然)。作用于向量 $\boldsymbol{v}$ 上的左矢$\langle \boldsymbol{u}|$使该向量转换为一个复数 c，记作

$$\langle \boldsymbol{u}| : \boldsymbol{v} \to c$$

比如，如果 $\boldsymbol{v}$ 用右矢符号表示，则有

$$\langle \boldsymbol{u}|(|\boldsymbol{v}\rangle) = c$$

可简写为

$$\langle \boldsymbol{u}|\boldsymbol{v}\rangle = c$$

这表明，$\langle \boldsymbol{u}|$可以与任意右矢向量$|\boldsymbol{v}\rangle$结合得到复数 c，在这种情况下，符号$\langle \boldsymbol{u}|$需要写成$\langle \boldsymbol{u}|()$，括号内可以为任意一个右矢向量。可以将$\langle \boldsymbol{u}|$认为是可以把一个复数赋给 V 中任意向量的函数，这样的函数称为线性函数。或者，左矢向量可以被解释为作用于右矢向量并生成一个复数的算子[2,3]。

与右矢$|1\rangle$和$|0\rangle$对应的左矢是它们的共轭转置：

$$\langle 1| = [0 \quad 1],\quad \langle 0| = [1 \quad 0]$$

左矢在计算概率大小时非常有用。例如，考虑量子位的一般状态为$|\boldsymbol{\psi}\rangle = \alpha|0\rangle + \beta|1\rangle$，则量子位处于$|1\rangle$状态的概率可以通过量子位的一般状态与左矢$\langle 1|$一起来确定，如下所示[5]：

$$\begin{aligned}
\langle 1||\boldsymbol{\psi}\rangle &= \langle 1|\boldsymbol{\psi}\rangle \\
&= \langle 1|(\alpha|0\rangle + \beta|1\rangle) \\
&= \alpha\langle 1||0\rangle + \beta\langle 1||1\rangle \\
&= \alpha[0 \quad 1]\begin{bmatrix}1\\0\end{bmatrix} + \beta[0 \quad 1]\begin{bmatrix}0\\1\end{bmatrix}
\end{aligned}$$

$$= \alpha \cdot 0 + \beta \cdot 1$$
$$= \beta$$

注意，可以将$\langle 1|\boldsymbol{\psi}\rangle$理解为处于状态$|1\rangle$的概率，同样，$\langle 0|\boldsymbol{\psi}\rangle$是处于$|0\rangle$状态的概率。可以看出，$\langle 0|1\rangle$和$\langle 1|0\rangle$都等于0，称为正交态。$\langle 0|0\rangle$和$\langle 1|1\rangle$的幅值都等于1。一般情况下，对于任何量子态$|\boldsymbol{\psi}\rangle$都有$\langle \boldsymbol{\psi}|\boldsymbol{\psi}\rangle=1$，推导如下。

由于$|\boldsymbol{\psi}\rangle=\alpha|0\rangle+\beta|1\rangle$，与之对应的对偶或左矢为，

$$\langle \boldsymbol{\psi}| = \alpha^* \langle 0| + \beta^* \langle 1|$$

因此$\langle \boldsymbol{\psi}|\boldsymbol{\psi}\rangle$的幅值由下式计算，

$$\langle \boldsymbol{\psi}|\boldsymbol{\psi}\rangle = (\alpha^* \langle 0| + \beta^* \langle 1|)(\alpha|0\rangle + \beta|1\rangle$$
$$= \alpha^* \alpha\langle 0|0\rangle + \alpha^* \beta\langle 0|1\rangle + \beta^* \alpha\langle 1|0\rangle + \beta^* \beta\langle 1|1\rangle$$

由于$\langle 0|1\rangle=0$，$\langle 1|0\rangle=0$，$\langle 0|0\rangle=1$，$\langle 1|1\rangle=1$，所以，

$$\langle \boldsymbol{\psi}|\boldsymbol{\psi}\rangle = |\alpha^2| + |\beta^2| = 1$$

两个左矢之和可以由下式得到，

$$(\langle c_1| + \langle c_2|)|\boldsymbol{v}\rangle = \langle c_1|(|\boldsymbol{v}\rangle) + \langle c_2|(|\boldsymbol{v}\rangle)$$

以下面两个右矢为例，

$$|\boldsymbol{u}\rangle = \begin{bmatrix} p \\ q \end{bmatrix},\quad |\boldsymbol{v}\rangle = \begin{bmatrix} i \\ j \end{bmatrix}$$

因为左矢是右矢的共轭转置，所以上面两个右矢对应的左矢为：

$$\langle \boldsymbol{u}| = [p^*, q^*],\quad \langle \boldsymbol{v}| = [i^*, j^*]$$

两个左矢之和为：

$$[p^* + i^*, q^* + j^*]$$

显然这是两个右矢之和的共轭转置：

$$|\boldsymbol{u}\rangle + |\boldsymbol{v}\rangle = \begin{bmatrix} p+i \\ q+j \end{bmatrix}$$

左矢和右矢要遵循以下规则(其中 a 为常数)[4]：

$$\langle \boldsymbol{v} | a\boldsymbol{u} \rangle = a \langle \boldsymbol{v} | \boldsymbol{u} \rangle$$

$$\langle a\boldsymbol{v} | \boldsymbol{u} \rangle = a^* \langle \boldsymbol{v} | \boldsymbol{u} \rangle$$

$$\langle \boldsymbol{v} | \boldsymbol{u} \rangle^* = \langle \boldsymbol{uv} \rangle$$

$$\langle \boldsymbol{u} | + \langle \boldsymbol{v} | = \langle (\boldsymbol{u} + \boldsymbol{v}) |$$

请注意，左矢和右矢的顺序是根据它们作为算子的使用方式而变化的，比如，$\langle \boldsymbol{v} | \boldsymbol{w} \rangle \neq \langle \boldsymbol{w} | \boldsymbol{v} \rangle$。

不过，标量(即复数)可以在表达式中移动。例如，

$$| \boldsymbol{v} \rangle \langle \boldsymbol{v} | \boldsymbol{w} \rangle \langle \boldsymbol{w} | = \langle \boldsymbol{v} | \boldsymbol{w} \rangle | \boldsymbol{v} \rangle \langle \boldsymbol{w} |$$

因为$\langle \boldsymbol{v} | \boldsymbol{w} \rangle$是一个复数。

1.6 内积

如前所述，在复空间内的两个向量 $\boldsymbol{u}$ 和 $\boldsymbol{v}$ 的内积生成一个复数作为输出，这两个向量的内积记为$\langle \boldsymbol{uv} \rangle$。

内积必须满足以下性质：

1. 线性性：$\langle \boldsymbol{a} | (w | \boldsymbol{b} \rangle + v | \boldsymbol{c} \rangle) = w \langle \boldsymbol{a} | \boldsymbol{b} \rangle + v \langle \boldsymbol{a} | \boldsymbol{c} \rangle$
2. 对称性：$(\boldsymbol{u} | \boldsymbol{v}) = (\boldsymbol{v} | \boldsymbol{u})^*$
3. 正定性：对$| \boldsymbol{u} \rangle \neq 0$，有$\langle \boldsymbol{u} | \boldsymbol{u} \rangle \geqslant 0$

带有内积的向量空间 V 叫作内积空间。在量子力学中，希尔伯特空间中的单位向量与物理系统有关。希尔伯特空间本质上是一个具有内积的复向量空间。

由于两个向量之间的内积是一个复数，所以在复向量空间中向量$| \boldsymbol{u} \rangle$和$| \boldsymbol{v} \rangle$的内积用狄拉克符号表示为

$$\langle \boldsymbol{u} | \boldsymbol{v} \rangle = c$$

其中 c 是一个复数。$\langle \boldsymbol{u}|\boldsymbol{v}\rangle$ 被称为 bracket，且有 $\langle \boldsymbol{u}|\boldsymbol{v}\rangle=\langle \boldsymbol{v}|\boldsymbol{u}\rangle^*$。

如果向量 $|\boldsymbol{u}\rangle$ 满足下式，则该向量为归一化向量：

$$(|\boldsymbol{u}\rangle,\ |\boldsymbol{u}\rangle)=1$$

类似地，如果两个向量满足

$$(|\boldsymbol{u}\rangle,\ |\boldsymbol{v}\rangle)=0$$

则这两个向量 $|\boldsymbol{u}\rangle$ 和 $|\boldsymbol{v}\rangle$ 是正交的。

1.7　线性相关和独立向量

如果向量集合中的任意一个向量都不能由其他向量线性表示，则这个向量集合是线性独立的。更正式地讲，如果对于任意的复数系数 c_0，c_1，c_2，…，c_{n-1}，向量集合 v_0，v_1，v_2，…，v_{n-1} 满足下式，则该向量集合就是线性独立的：

$$c_0v_0+c_1v_1+c_2v_2+\cdots+c_{n-1}v_{n-1}=0$$

当且仅当

$$c_0=c_1=c_2=\cdots=c_{n-1}=0$$

相反，如果存在一组不全为 0 的复数系数，使得向量集合 v_0，v_1，v_2，…，v_{n-1} 满足下式，则该向量集合线性相关：

$$c_0v_0+c_1v_1+c_2v_2+\cdots+c_{n-1}v_{n-1}\neq 0$$

1.8　对偶向量空间

1.4 节已经讨论过基集的概念。正式地说，如果一个向量集合 $\{\boldsymbol{v}_0,\ \boldsymbol{v}_1,\ \cdots,\ \boldsymbol{v}_n\}$ 满足以下条件，则称该集合为向量空间的基。

1. 向量集合 $\{\boldsymbol{v}_0,\ \boldsymbol{v}_1,\ \cdots,\ \boldsymbol{v}_n\}$ 张成向量空间，也就是说，向

量空间的每一个状态都可以用集合中状态的线性组合来表示。换句话说，向量空间的任意状态 $\boldsymbol{\psi}$ 都可以写成，

$$\boldsymbol{\psi} = \sum_i c_i \,|\boldsymbol{v}_i\rangle$$

2. 向量集合$\{\boldsymbol{v}_0, \boldsymbol{v}_1, \cdots, \boldsymbol{v}_n\}$是线性独立的。

3. 该向量集合还是完备的。完备性表明不需要额外的基就可以描述量子系统的任何可能的物理状态。向量$\{\boldsymbol{v}_0, \boldsymbol{v}_1, \cdots, \boldsymbol{v}_n\}$称为向量空间的基态。

复向量空间中的任意向量$|\boldsymbol{x}\rangle$都可以唯一地表示为这些基向量的线性组合，

$$|\boldsymbol{x}\rangle = \sum_{i=0}^{N-1} c_i \,|\boldsymbol{v}_i\rangle$$

其中，复数 c_i 是$|\boldsymbol{x}\rangle$关于基向量$\{\boldsymbol{v}_0, \boldsymbol{v}_1, \cdots, \boldsymbol{v}_n\}$的分量。

如果满足下式，则 V 中的一组向量$\{\boldsymbol{e}_0, \cdots, \boldsymbol{e}_n\}$是正交的：

$$\langle \boldsymbol{e}_i \,|\boldsymbol{e}_j\rangle = \delta_{ij}$$

其中，δ_{ij}是克罗内克函数，如果 $i=j$，则 δ_{ij} 为 1；如果$i\neq j$，则 δ_{ij} 为 0[5]。

如果一个标准正交集合满足闭合关系，则它也是V的一个基，

$$|\boldsymbol{x}\rangle = \sum_{i=0}^{N-1} \langle \boldsymbol{e}_i \,|\boldsymbol{e}_j\rangle = 1$$

之前，在狄拉克内积表示法中，右边就是向量 $\boldsymbol{y}$ 的右矢，左边的$\langle\boldsymbol{x}|$是一个线性泛函，该泛函可以将任何右矢$|\boldsymbol{y}\rangle$映射成内积$(|\boldsymbol{x}\rangle, |\boldsymbol{y}\rangle)$生成的复数。

所有线性泛函的集合($\langle\boldsymbol{x}|\cdots$)构成一个复向量空间 V^*，即 V 的对偶空间，换句话说，复向量空间 V 有一个包含所有左矢集合的对偶向量空间 V^*。例如，对于 V 中的一组右矢向量($|\boldsymbol{v}_1\rangle$,

$|\boldsymbol{v}_2\rangle$，…，$|\boldsymbol{v}_n\rangle$)，其对偶空间 V^* 中肯定有($\langle\boldsymbol{v}_1|$，$\langle\boldsymbol{v}_2|$，…，$\langle\boldsymbol{v}_n|$)。V^* 中的任意两个向量之和仍然属于 V^*，一个复标量与 V^* 中任意向量的乘积仍然是 V^* 的一个向量。

注意，V 和 V^* 并不是完全相同的空间，但是对于 V 中的任一右矢向量 $|\boldsymbol{y}\rangle$，在 V^* 中都有一个对应的左矢向量 $\langle\boldsymbol{y}|$：

$$|\boldsymbol{y}\rangle = (\langle\boldsymbol{y}|)^* \quad \langle\boldsymbol{y}| = (|\boldsymbol{y}\rangle)^*$$

对偶空间 V^* 中两个左矢之和仍然是 V^* 中的一个左矢，一个复数与任一左矢的乘积将生成 V^* 中的另一个左矢。

向量空间 V 和它的对偶空间 V^* 的维数相等。V 和 V^* 中的向量可以分别由列矩阵和行矩阵表示。假设 $|\boldsymbol{\varphi}\rangle$ 表示如下的 n 维列向量，

$$|\boldsymbol{\varphi}\rangle = \begin{bmatrix} \varphi_0 \\ \varphi_1 \\ \vdots \\ \varphi_{N-1} \end{bmatrix}$$

则其对偶向量 $\langle\boldsymbol{\varphi}|$ 定义为

$$\langle\boldsymbol{\varphi}| = (\varphi_0^* \quad \varphi_1^* \quad \cdots \quad \varphi_{N-1}^*)$$

换句话说，如果将右矢表示为列向量，则可以将左矢视为行向量。因此，在内积符号中，在右矢左边的左矢满足矩阵乘法规则，即行向量乘以列向量得到一个数。

1.9 计算基

每个向量空间都有无限多个标准正交基。实际应用中，通常会选择易于运算的基集而不是某些特定的基集。这个基称为计算基。

虽然基集可以不唯一，但集合中包含的基向量的数量是不变的。例如，假设复向量空间 C^n 中的基有 n 个线性独立的向量，那么 C^n 中的任意一个向量 $|\boldsymbol{x}\rangle$ 都可以唯一地表示为这 n 个向量的线性组合：

$$|\boldsymbol{x}\rangle = \sum_{i=0}^{n-1} c_i |\boldsymbol{v}_i\rangle，c_i \text{ 是复数}$$

其中 $|\boldsymbol{v}_i\rangle$ 是第 i 个基向量。基向量就是在特定基向量对应的位置上只有一个 1 的列向量

$$|0\rangle = \begin{bmatrix}1\\0\\0\\\vdots\\0\end{bmatrix},\ |1\rangle = \begin{bmatrix}0\\1\\0\\\vdots\\0\end{bmatrix},\ |2\rangle = \begin{bmatrix}0\\0\\1\\\vdots\\0\end{bmatrix},\ \cdots,\ |N-1\rangle = \begin{bmatrix}0\\0\\0\\\vdots\\1\end{bmatrix}$$

在量子信息处理中，一般将量子位状态 $|0\rangle$ 和 $|1\rangle$ 作为标准计算基，不过也可以使用其他计算基。例如，下列向量可以用作一组标准正交基

$$\frac{1}{\sqrt{2}}\begin{bmatrix}1\\1\end{bmatrix},\quad \frac{1}{\sqrt{2}}\begin{bmatrix}1\\-1\end{bmatrix}$$

这些向量中的每一个都可以用标准的计算基来定义，它们一起构成备用基＋/－。

$$\frac{1}{\sqrt{2}}\begin{bmatrix}1\\1\end{bmatrix}=\frac{1}{\sqrt{2}}\begin{bmatrix}1\\0\end{bmatrix}+\frac{1}{\sqrt{2}}\begin{bmatrix}0\\1\end{bmatrix}=\frac{1}{\sqrt{2}}(|0\rangle+|1\rangle)=|+\rangle$$

$$\frac{1}{\sqrt{2}}\begin{bmatrix}1\\-1\end{bmatrix}=\frac{1}{\sqrt{2}}\begin{bmatrix}1\\0\end{bmatrix}-\frac{1}{\sqrt{2}}\begin{bmatrix}0\\1\end{bmatrix}=\frac{1}{\sqrt{2}}(|0\rangle)-\frac{1}{\sqrt{2}}(|1\rangle)=|-\rangle$$

＋/－基是一个完备的标准正交基。因此，任何量子位状态都可以用基状态＋/－来表示。＋/－基也被称为哈达玛基或对角基[6]。

1.10　外积

$\boldsymbol{u}$ 和 $\boldsymbol{v}$ 的外积表示为

$$|\boldsymbol{v}\rangle\langle\boldsymbol{u}|$$

假定 $\boldsymbol{u}=\begin{bmatrix}a_0\\a_1\end{bmatrix}$，$\boldsymbol{v}=\begin{bmatrix}b_0\\b_1\end{bmatrix}$，则 $\boldsymbol{u}$ 和 $\boldsymbol{v}$ 的外积为

$$\begin{bmatrix}b_0\\b_1\end{bmatrix}\begin{bmatrix}a_0^* & a_1^*\end{bmatrix}=\begin{bmatrix}a_0^*b_0 & a_1^*b_0\\a_0^*b_1 & a_1^*b_1\end{bmatrix}$$

结果是一个矩阵，而不是一个复数[6]。$\boldsymbol{u}$ 和 $\boldsymbol{v}$ 的内积为

$$\begin{bmatrix}a_0^* & a_1^*\end{bmatrix}\begin{bmatrix}b_0\\b_1\end{bmatrix}=a_0^*b_0+a_1^*b_1$$

将外积 $|\boldsymbol{v}\rangle\langle\boldsymbol{u}|$ 看成一个运算 A。如果 $A=|\boldsymbol{v}\rangle\langle\boldsymbol{u}|$，则 A 对状态 $\boldsymbol{\varphi}$ 的作用为

$$A\boldsymbol{\varphi}=(|\boldsymbol{v}\rangle\langle\boldsymbol{u}|)\boldsymbol{\varphi}=|\boldsymbol{v}\rangle(\langle\boldsymbol{u}|\boldsymbol{\varphi}\rangle)=|\boldsymbol{v}\rangle\langle\boldsymbol{u}|\boldsymbol{\varphi}\rangle$$

参考文献

1. Anthony A. Tovar, *Complex Numbers Review and Tutorial*, Eastern Oregon University, January 28, 2009.
2. Robert Littlejohn, Physics 221A Fall 2017 Notes 1—The Mathematical Formalism of Quantum Mechanics, Univ. of California, Berkley.
3. Dave Bacon, CSE 599d—Quantum Computing, lecture notes, University of Washington, Winter 2006.
4. Roman Koniuk, Quantum Mechanics (PHYS 4010) lecture notes, York University, 2011.
5. Mark M.Wilde, Quantum Information Processing Basics: Lecture I, *www.dias.ie/wp-content/uploads/2012/06/lecture-1-wilde.pdf.5* (June, 2012).
6. John Watrous, CPSC 519/619: Quantum Computation, University of Calgary, 2006.

第2章

量子力学基础

经典物理学是建立在牛顿定律和麦克斯韦方程基础上的物理学，牛顿定律用于描述宏观(大型)物体的运动规律，而麦克斯韦方程用于描述电磁辐射过程。1686年，牛顿运动定律发表。根据伽利略等人的工作，这些定律精确地描述了物体在静止、运动和受外力作用时的行为。牛顿运动定律共有三个定律。根据牛顿第一定律，除非施加外力，否则沿直线运动的物体将继续沿直线运动。如果施加了外力，则物体的运动方向和速度会随着所施加的力的大小和方向而改变。该定律也可以是，除非施加外力，否则静止的物体将继续保持静止。因此牛顿第一定律通常被称为惯性定律。

2.1 经典物理学的局限性

在经典物理学中，宏观物体的状态通常是用它的位置和动量来描述的。牛顿第二定律指出，当作用在物体上的力不平衡时，就会产生加速度，这里的力指的是所有作用在物体上的力的合力。

当作用在物体上的力增加时，物体的加速度增加；当物体的质量增加时，物体的加速度减小。因此，第二定律给出了力、质量和加速度之间的精确关系：

$$力=质量\times加速度$$

所以，只要一个物体的初始状态是已知的，就有可能通过牛顿第二运动定律来预测它的运动方向(即位置)，以及它的速度(即动量)。换句话说，牛顿第二定律可以确定一个物体从初始状态开始随时间的动态变化。

牛顿第三定律指出，每一个作用力都有一个大小相等、方向相反的反作用力。当两个物体相互作用时，它们相互施加力，这两种力称为*作用力*和*反作用力*。作用在第一个物体上的力的大小等于作用在第二个物体上的力的大小，作用在第一个物体上的力的方向与作用在第二个物体上的力的方向*相反*。

直到19世纪末，物理定律都是建立在力学、牛顿万有引力定律、描述电和磁的麦克斯韦方程以及描述大量物质状态的统计力学的基础上。在大多数情况下，这些物理定律足以很好地描述自然现象。但它们并不适用于*微观系统*，也就是非常小的系统，例如单个原子和构成原子的粒子，因为位置和动量不是描述它们的状态的适当变量。

在19世纪末和20世纪初，人们发现了一些无法用经典物理学原理进行解释的原子和亚原子层面的难题[1]，其中包括*黑体辐射*、*光电效应*和*原子的卢瑟福-玻尔模型*。

2.1.1 黑体辐射

黑体辐射是经典物理学中理论与实验相悖的典型事例。经典物理学将黑体定义为能够吸收所有落到其上的电磁辐射的物体。这意味着黑体不反射任何辐射(所以说它是黑的)，也不允许任何辐射通过它。黑体吸收辐射的能力与发射辐射的能力是密切相关的，它能够吸收所有波长的电磁辐射，所以也能够发射所有波长的电磁辐射。因此，黑体是一种理想的辐射源，被称为黑体辐射。

当黑体处于寒冷状态时，它不会发射任何辐射。随着温度升高，它开始发射辐射。发射的辐射波长只取决于黑体的温度，而不是它的成分。单位面积的能量称为辐射强度。如前所述，如果电荷的运动有任何变化，就会产生电磁辐射。当黑体受热时，其内部的电子向任意方向运动，从而产生电磁辐射。当黑体被加热时，不管它的成分如何，都会在光谱中变成红、橙、黄、绿、蓝。

20 世纪初，两位英国科学家罗利和吉恩试图分析黑体辐射的光谱，他们主要对发射的辐射中有多少是蓝光、多少是红光感兴趣。他们推导出了一个辐射强度的公式，在固定温度 T 下，辐射强度 w 是频率 f 的函数，

$$\begin{aligned} w(f,T) &\propto f^2 T \\ &\propto T/\lambda^2 \end{aligned}$$

在较低的频率(或较长的波长)下，该公式与实验结果相一致，显示出较小的辐射强度。但是，辐射强度在频谱的高频端变得越来越高，这意味着对于极高的频率(极短的波长)，比如紫外线，辐射强度将是无穷大的。然而，这与实验结果相悖，这个现象被称为紫外灾变，它揭示了经典物理学的缺陷，因为上述公式的推导是基于热力学和电磁理论的基本概念。

2.1.2 普朗克常数

量子力学的发展始于1900年，当时马克斯·普朗克找到了黑体辐射光谱的正确解释。在一篇关于黑体辐射的论文中，他提出辐射不需要被认为是连续波。相反，它可以被认为是由更小的块组成的，这些块被称为“量子”。他认为每一个量子所具有的能量 E 都与辐射频率 f 成正比，且该比例常数为 $h(=6.626\ 075\times10^{-34}\mathrm{J\cdot s})$，后来将 h 命名为普朗克常数：

$$E = hf$$

2.2 光电效应

1887年，赫兹注意到光入射到放置在真空中的干净金属板上时会激发电子。发射到金属表面的电子吸收入射光所包含的能量。根据麦克斯韦光波理论，入射光的强度决定了从金属板中发射出的电子的数量。但是发射电子的能量却与入射辐射的强度无关，它取决于入射辐射的频率。如果入射辐射的频率低于某一阈值，则电子不会被激发，该阈值由金属板的组成成分决定。

几年后，爱因斯坦证明光是由一束量子组成的，他称之为光量子(现在称为光子)。光子是电中性的，没有质量。然而，光子的能量与普朗克早先提出的量子中的能量 E 相等，并以光速 c 传播：

$$E = hf$$

注意，这个方程结合了光的波动性和粒子性，E 是一个光粒子的能量，而右边的频率 f 指向光的波动性。h 为常数，如前所述，它是普朗克常数。

根据相对论，光子的动量 p 是

$$p = E/c$$

由于 $E=hf$，

$$p = hf/c$$

将 $c=\lambda f$ 代入上式，λ 为光波的波长，则有

$$p = hf/\lambda f = h/\lambda$$

为了从金属表面移出一个电子，必须消耗最低能量 ϕ，称之为功函数。假设一个能量为 hf 的单光子被金属表面上的电子吸收，则：

1. 如果 $hf<\phi$，由于它没有克服功函数所需的能量，电子不能被移出。

2. 如果 $hf>\phi$，电子具有从金属表面逃逸的能量，任何额外的能量都被电子用作动能。数学上，这可以写成，

$$\begin{aligned} hf &= \phi + \text{发射电子的动能} \\ &= \phi + \frac{1}{2}mv^2 \end{aligned}$$

或

$$\frac{1}{2}mv^2 = \phi - hf$$

其中 m 为光电子(移出电子)的静止质量，v 为其速度。

由上式可知，光电子的动能只取决于入射辐射的频率，而不取决于其强度。此外，光电子的发射是由于单个电子与入射辐射波中的单个光子的相互作用，而不是整个波。

光电效应清楚地证明了光是由粒子组成的。这一结果是出乎意料的，因为在此之前，光被认为只是一种波。

2.3 经典电磁理论

电磁理论的基本思想是，当一个不断变化的电场产生一个不断变化的磁场时，就会产生电磁波，而磁场又会反过来产生另一个不断变化的电场，依此类推。场的概念在物理学中非常重要，它被用来解释在没有任何物理接触的情况下自然界中所发生的力。每一种力(电的、磁的或重力的)都隶属于一个适当的场，即可以施加一个力的区域。因此，场是在没有任何物理介质的真空中传递力的一种介质。例如，万有引力、电场和磁场分别传递来自质量、电荷和磁体的力。或者，场可以被认为是一个连续的实体，就像流体一样，填充了力的原点周围的空间。例如，一个电荷在电荷周围的空间中形成一个电场，任何进入这个空间的物体都会感觉到一个力，这个力在靠近电荷的地方更强。因此，电荷的存在改变了这个空间，而空间里的其他电荷会感到不寻常的变化。电场的存在与空间中是否有另一个电荷进入无关。磁场是由移动的电荷引起的，因此电场和磁场结合在一起形成电磁波。

电磁波的电场和磁场相互垂直，如图 2.1 所示，因此电磁波是横向波。电场和磁场平行于一对垂直轴的波被表示为线偏振。麦克斯韦计算了电磁波的传播速度，发现它等于光速 c，因此得出结论，光本身就是电磁波。

波具有某些特性，如波长、频率和能量，这些特性基本上定义了特定波的性质，如图 2.2 所示。波长 λ 是两个相邻波峰之间的距离，通常用厘米表示。频率 f 表示在单位时间内通过给定点的波峰数。

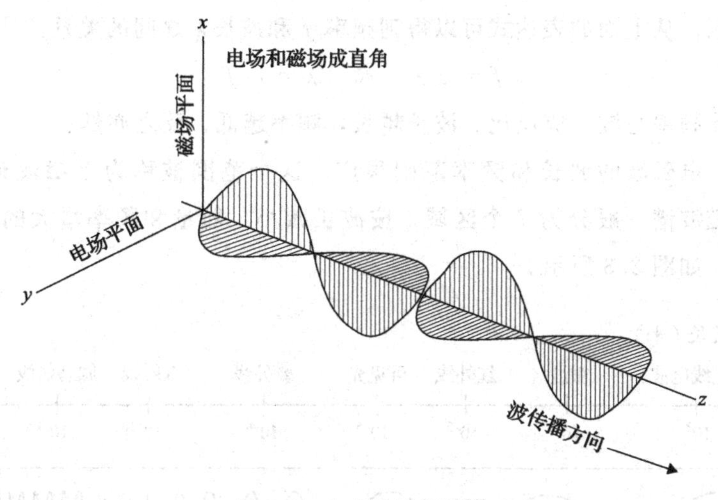

图 2.1　电磁波示意图[4]

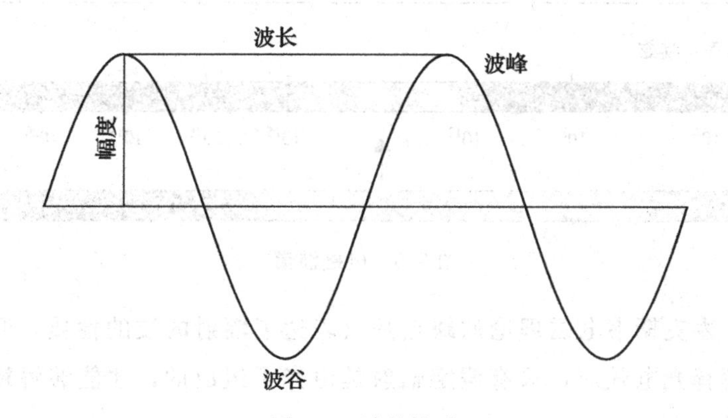

图 2.2　波的性质

频率通常用赫兹(周期/秒)表示。波长和频率这两个量与光速 c 有关：

$$c = f \cdot \lambda$$

注意，从上面的表达式可以得到频率 f 和波长 λ 之间的关系：

$$f = c/\lambda \quad \text{或} \quad \lambda = c/f$$

因此频率与波长成反比。波长越长，频率越低，反之亦然。

电磁波的波长和频率范围很广。这个范围被称为电磁波谱。电磁波谱一般分为 7 个区域，按波长减小、能量和频率增大的顺序，如图 2.3 所示。

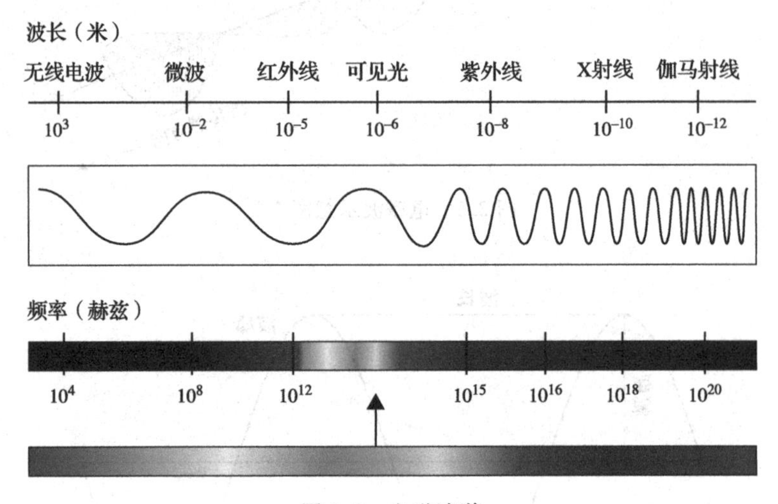

图 2.3　电磁波谱

麦克斯韦电磁理论的缺点是只表达了辐射的波的性质，但不能解释光电效应，只有假定辐射是由光子组成的，才能够解释光电效应[2]。

2.4　卢瑟福的原子模型

原子是构成我们周围世界日常物质的基本单元。然而，并不是所有的原子都是一样的。为了确定原子之间的差别，有必要知道它们是由什么组成的。原子的组成部分被称为亚原子粒子。1898 年，约瑟夫·约翰·汤普森发现了带负电荷的电子，这是第一个被确认的亚原子粒子。

1914 年，卢瑟福提出原子的大部分质量和带正电荷的质子都集中在原子的极小体积内。他称这个区域为原子核，原子核周围环绕着带负电荷的电子。他还提出，这些电子以极快的速度沿着一个固定的轨道，围绕着原子核做圆周运动。由于电子带负电荷，而原子核中又密集地分布着带正电荷的质子，因此就有一种强大的静电力把原子核和电子结合在一起。例如，氢原子由原子核上的一个质子和一个绕其旋转的电子组成。简而言之，卢瑟福的原子模型是对太阳系的模仿。

卢瑟福的模型被广泛接受，直到 19 世纪下半叶麦克斯韦发展了经典的电磁学理论。经典电磁理论假设一个改变速度、方向或两者都改变的带电粒子会以光的形式发射电磁辐射。在卢瑟福模型中，一个沿轨道运行的电子不断地发射辐射。那么最后，电子一定会失去能量，被原子核越吸越紧，最终撞向原子核。但实际上，电子并没有坍缩成原子核，而且也没有持续发射辐射。相反，能量发射被限制在称为线状谱的离散波长上，这无法用卢瑟福模型来解释。

2.5　玻尔的原子模型

玻尔在他的原子结构理论中忽略了卢瑟福利用的一些经典物理学概念。1913 年，他用实验观察到的事实和普朗克的能量量子化思想提出了一个新的模型。他以氢原子(单电子)为基础发展了他的原子理论，并采用了以下假设：

1. 原子中的电子受电子与原子核之间静电引力的影响，围绕带正电荷的原子核做圆周运动。这个力与离心力相平衡，离心力是由电子在其轨道上的速度产生的。电子所使用的轨道与原子核有特定的距离。氢原子中的电子通常停留在第一轨道，也就是离原子核最近的基态。

2. 只要电子在允许的轨道上，它的能量就保持不变。

3. 当电子从一个允许的轨道向另一个能量较低或较高的轨道转变时，就有辐射被发射或吸收，如图 2.4 所示。两个轨道之间的能量差 ΔE 为

$$E_2 - E_1 = |\Delta E| = hf$$

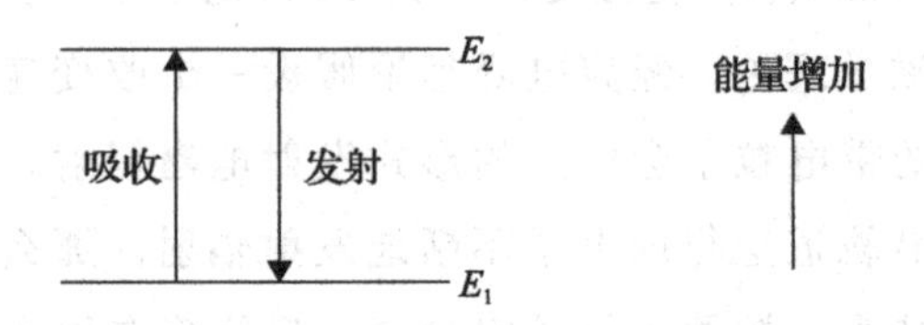

图 2.4　从低轨道到高轨道的过渡，反之亦然

当电子从一个较高的(能量)轨道 E_2 移动到一个较低的轨道 E_1 从而丢失能量时，丢失的能量表现为一个光子，即光。发出的光的能量与它的颜色有关。当电子从较低的轨道跃迁到较高的轨道时，失去的能量和吸收的能量相同。玻尔注意到，电子从较高轨道返回基态的所有可能的跳跃组合可以解释氢原子中所有光谱线的存在。

量子计算机利用亚原子粒子的某些独特特性，极大地提高了

计算速度，这是传统计算机无法做到的。传统计算机受经典物理学、牛顿力学和麦克斯韦电磁学理论的束缚。如前所述，牛顿力学用于精确地描述宏观物体的位置和运动，而电磁学用于解释诸如光和电磁学等现象。然而，当应用于微观物体(原子和亚原子粒子)时，牛顿的宏观物体力学给出了与理论预测相矛盾的结果。这导致了一种被称为量子力学的新型物理学的发展，它是物理学的一个分支，用来研究非常小的物体。

2.6　光的粒子性和波动性

关于粒子的波动性，最著名的例子之一是托马斯·杨在 19 世纪初做的双缝实验，该实验提供了强有力的实验证据来支持光的波动性。在单色光源前放置一个有两个狭缝的屏。如果光是由粒子组成的，那么只有当两束光线射到狭缝的确切位置时才能通过屏。但是如果光是波，那么这两束光将穿过狭缝，然后衍射开，即光束会被展开。在屏的某些位置，一条射线的波峰与另一条射线的波峰相交(相长干涉)，另一种情况是波峰与另一条射线的波谷互相抵消(相消干涉)，如图 2.5 所示。在相长干涉中，波的相位可以相加形成振幅更大的组合波。图 2.5 显示了最大可能的相长干涉效应。两种波的所有部分都排成一排，在各处进行相长干涉。在相消干涉中，相位相减并互相抵消。图 2.5 显示了最大可能的相消干涉效应。这两个波的所有部分以图中所示方式排成一排，在各处进行相消干扰。相长干涉表现为屏上的亮点，相消干涉表现为屏上的暗点。因此，双缝实验最终证明了光的波动性。

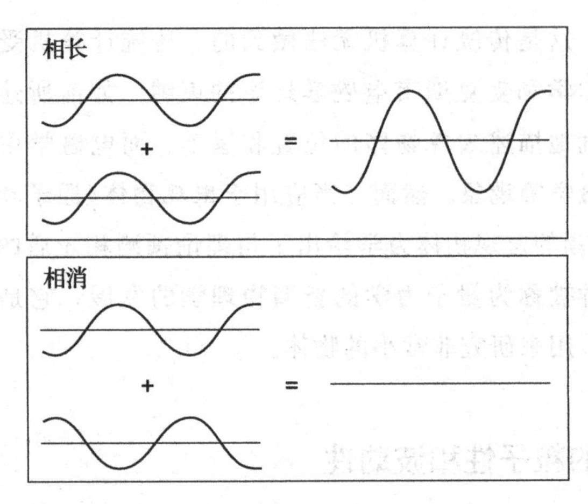

图 2.5　光的相长干涉和相消干涉

矛盾之处在于，20 世纪早期提供的实验证据(如光电效应)同样清楚地表明光是由粒子组成的。1923 年亚瑟·康普顿的工作证实了光的粒子(光子)在与物质粒子(电子)碰撞后散射，就像硬球与其他硬球碰撞一样。在光电效应中，入射光子的能量传递给电子。康普顿的方法不是研究电子对光子的吸收，而是研究光子与电子碰撞后的散射。X 射线是波长很短的电磁波。康普顿的实验是把一束 X 射线发射到气体中。入射 X 射线中的一部分光子的能量以动能的形式传递给气体中的电子，就像在粒子碰撞中看到的那样。被 X 射线击中的电子要么被发射出去，要么被转移到更高的轨道上。光子将其动量传递给电子，并以较低的动量散射。

康普顿散射导致了一个不可避免的结论，即电磁辐射具有波动性和粒子性。光的干涉和衍射只能在光表现为波的情况下才能解释，而光电效应和康普顿散射只能在光表现为粒子的情况下才能解释。光的这种特性被称为*波粒二象性*。

1924 年，德布罗意根据电磁辐射的双重性推测，既然波具有粒子性，那么对称地，粒子也将具有波动性。他依据爱因斯坦方程，推导出一个结合了波的粒子性和粒子的波动性的方程。该方程表明，普朗克常数(一个非常小的数)除以光子的动量就可以得到这个光子的波长：

$$\lambda = \frac{h}{p}$$

德布罗意得出结论，这个方程是普遍成立的。这种波动性并不是光子独有的特性，所有的物质粒子都具有这样的性质。例如，当电子通过两个狭缝时，它们不会在狭缝后面的屏的对应位置上进行堆积。相反，它们产生的亮带(相长干涉)和暗带(相消干涉)与光子产生的干涉完全相同。这清楚地显示了电子的波粒二象性。

1927 年，戴维森和格尔默证明了动量为 p 的电子束产生的衍射图案与波长为 l 的波产生的衍射图案相似。简而言之，光子和电子一样，有时表现为粒子，有时表现为波。显然，这意味着亚原子粒子的波粒二象性，是不能用经典物理学的概念来解释的。我们需要一种截然不同的方法。几年后，一种新的物理学被引入并不断发展，它可以解释非常小的粒子的波粒二象性现象，让我们认识到了宇宙固有的概率性。

2.7　波函数

在量子力学中，粒子的状态不是由位置和动量来表示的，而是由波函数来表示的。波函数包含了关于该粒子作为位置和时间的函数的所有可测量信息。利用波函数，人们可以计算一个系统未来的行为，但只能以一定的概率。

薛定谔认为，如果量子粒子表现为波，那就可以用波函数来对其进行描述。这个波函数被称为薛定谔方程，该方程展示了量子波函数是如何随时间变化的。波函数是一个复函数，通常用 ψ 表示。

能量为 E 的粒子的波函数可以表示为以下波函数形式的线性组合[3]：

$$\psi(x,t) = A\mathrm{e}^{\mathrm{i}(kx-\omega t)}$$

其中 A 是波的振幅，ω 是角频率，$\omega=2\pi f$，$k=2\pi/\lambda$，x 是位置，t 为时间。

由于 $k=2\pi/\lambda$，$\omega=2\pi f$，所以，

$$\psi(x,t) = A\mathrm{e}^{\mathrm{i}(2\pi(x/\lambda-ft))}$$

将 $\lambda=h/p$ 和 $E=hf$ 代入上式，得

$$\psi(x,t) = A\mathrm{e}^{\mathrm{i}(2\pi(px-Et)/h)}$$

最后，用 $\hbar$ 代替 $h/2\pi$，得

$$\psi(x,t) = A\mathrm{e}^{\mathrm{i}(px-Et)/\hbar}$$

不考虑粒子的状态，波函数为每一个可能的测量结果都分配一个复数，称为振幅。马克斯·波恩证明 $|\psi|^2$ 在任意两点间的积分就是粒子出现在这两点之间的概率。这就是所谓的波恩定则，该定则也可以表述为：

获得任何可能测量结果的概率都等于对应振幅的平方，波函数就是所有振幅的集合。

所以

$$x \text{ 的概率} = x \text{ 的振幅的平方}$$

例如，在 $x=0$ 和 $x=1$ 之间找到一个粒子的概率为：

$$\int_0^1 |\psi(x)|^2 \mathrm{d}x$$

这是概率密度的归一化条件。概率密度的积分在其定义范围内的总和必须为1，因为生成的任意数都必须在该区间范围内。

1927年，维尔纳·海森堡提出，对量子粒子的了解存在一个基本限制。他提出的这个原理被称为*不确定性原理*或*测不准原理*，是量子力学的基本假设之一。海森堡测不准原理认为，量子粒子的某些属性是相互联系的，因此无法同时对它们进行精确的测量，这种属性称为*共轭属性*。如果共轭对中的一个属性被精确地测量，那么另一个属性就无法被精确地测量。量子粒子最重要的共轭属性就是它的位置和动量。例如，不可能同时知道一个粒子的确切位置和动量。也就是说，位置确定得越精确，动量的不确定程度就越大，反之亦然。这并不是由于测量技术的限制，而是在任何给定时刻对一个粒子所能知道的东西的基本限制的表现。测量的不确定性产生的原因是测量行为会影响被测量的对象。

海森堡测不准原理表明，位置测量的不确定度(Δx)和动量测量的不确定度(Δp)近似相关

$$\Delta x \cdot \Delta p \geqslant h$$

其中h是普朗克常数。因此，只有在动量测量有较大的不确定性时，位置测量才可能有较高的精度，反之亦然。例如，如果要非常精确地测量一个粒子的位置，那么该粒子位置的不确定度Δx必须为0，也就是说，粒子的确切位置是已知的。因为Δx与Δp的乘积必须等于或大于一个固定数量(普朗克常数)，如果$\Delta x=0$，则Δp将无限。因此，如果粒子的位置已知，粒子动量的不确定性就是无限的，也就是说，动量是完全不确定的。另一方面，如果

粒子处于静止状态，则粒子的动量的不确定度 $\Delta p=0$，那么位置的不确定度 Δx 将无限大，也就是说，粒子位置是完全未知的。能量测量的不确定度(ΔE)与运行时间的不确定度(Δt)之间的关系也可由海森堡测不准原理导出：

$$\Delta E \cdot \Delta t \geqslant h$$

2.8 量子力学公设

公设是无须证明的，公认就是为真，而定理是可以证明的真命题。量子公设的本质在本节中以七个公设的集合来表示。这些公设提供了物理世界与量子力学的数学框架之间的联系。这些公设是：

1. 每个物理系统都有一个复向量空间，该空间与称为系统状态空间的内积(希尔伯特空间)相关联。单位向量表示状态空间中的物理系统，而称为状态向量的单位向量中包含了所有可以知道的关于该系统的信息。

2. 一个物理系统的所有可观测量(可测量的性质)都由在系统状态空间中运行的厄米算子表示。在量子系统上进行的任何测量都必然涉及系统和观察者之间的相互作用。因此，当一个可观测目标被测量得到一定的结果 λ 时，测量使系统处于一种状态，这种状态对应的是特征值为 λ 的算子的特征向量的状态。

3. 在量子态下，用特征值 λ 测量一个可观测量的概率为

$$\text{prob}(\lambda) = |\langle \boldsymbol{a}|\lambda\rangle|^2$$

其中 $|\boldsymbol{a}\rangle$ 是对应的特征值为 λ 的厄米算子的特征向量。

4. 在具有相同状态向量的系统中进行测量也可能会得到不同

的结果。只有这些不同结果的概率是可以知道的。

5. 一个可测量的量 Q 的期望值被定义为在一个具有相同状态向量 $|\boldsymbol{u}\rangle$ 的大型系统上测量 Q 时可能得到的所有值的平均值。期望值假设为

$$\langle \boldsymbol{u} | Q | \boldsymbol{u} \rangle$$

设 $\langle \boldsymbol{u} | \boldsymbol{u} \rangle = 1$。

6. 复合物理系统的状态空间是组成系统的状态空间的张量积。

7. 量子系统在时间上的演化可用酉变换来描述。

参考文献

1. Physics of the Universe (*http://www.lukemastin.com/physics/topics_quantum.html*).
2. Bernard D'Espagnat, *Conceptual Foundations of Quantum Mechanics*, 2nd ed., Westview Press, 1999.
3. J. D. Cresser, Quantum Physics Notes, Department of Physics, Macquarie University, Australia, 2011.
4. The BB84 protocol for quantum key distribution, *Quantum Gazette: Exploration into Quantum Physics and Science Writing*, September 22, 2016.

第3章

矩阵和算子

在量子力学中，诸如测量、旋转以及时间演化等物理过程是不能直接进行的，这些物理过程只能通过数学运算(即算子)作用于它们对应的量子态。

在量子力学中，有很多可观测量，它们是可以被测量到的量子物体的属性，如位置、动量或能量。每一个可观测量都对应一个线性算子，这个线性算子可以作用于一个状态并生成另一个状态，即它可以把一个函数变成另一个函数。换句话说，线性算子A是一个从向量空间到自身的线性函数。标记为

$$A:V \to V$$

对于所有的a、b和向量$\boldsymbol{u}$、$\boldsymbol{v}$，A都满足

$$A(a\boldsymbol{u}+b\boldsymbol{v})=a(A\boldsymbol{u})+b(A\boldsymbol{v})$$

初等微积分中，函数$f(x)$被认为是一个将所有的x与另一个数$y=f(x)$相关联的规则。函数的这个概念也可以扩展到向量上，在这种情况下，将函数称为算子。更正式地说，算子A指定了一个规则，该规则将向量空间中的向量$\boldsymbol{v}_i$转换为空间中的另一个向

量$\boldsymbol{v}_j$。所以下式为一个作用于向量$\boldsymbol{v}_i$，并将其转换为向量$\boldsymbol{v}_j$的算子O。

$$O(\boldsymbol{v}_i) = \boldsymbol{v}_j$$

像算子一样，矩阵也可以把一个向量变换成另一个向量。因此，线性算子和矩阵之间存在相关性。每个线性算子都可以用一个对应的矩阵表示，反之亦然，每个矩阵生成一个对应的线性算子。由于线性算子可以用矩阵表示，所以这些矩阵的所有相关性质也适用于算子。

3.1 矩阵

矩阵是包含m行n列实数(或复数)的矩形数组，一个$m\times n$矩阵包含m行和n列，可以表示为，

$$\boldsymbol{A} = |a_{ij}| = \begin{bmatrix} a_{11} & a_{12} & \cdots & a_{1n} \\ a_{21} & a_{22} & \cdots & a_{2n} \\ \vdots & \vdots & & \vdots \\ a_{m1} & a_{m2} & \cdots & a_{mn} \end{bmatrix}$$

a_{ij}这个量被称为矩阵的*元素(分量)*。矩阵$\boldsymbol{A}$的第i行第j列对应的元素用相应的带下标的小写字母表示，如a_{ij}。与向量一样，矩阵的元素可以是实数，也可以是复数。如果是实数，这个矩阵就是*实矩阵*，否则为*复矩阵*。如果一个矩阵的行数和列数都是有限的，那么这个矩阵就是*有限矩阵*，否则就是*无限矩阵*。

如果两个矩阵同型且对应元素相等，则这两个矩阵相等。两个同型矩阵可以相加，将两个$m\times n$矩阵$\boldsymbol{A}[a_{ij}]$和$\boldsymbol{B}[b_{ij}]$的对应元素相加，得到另一个$m\times n$的矩阵$\boldsymbol{C}$：

$$C_{ij} = A[a_{ij}] + B[b_{ij}]$$

矩阵 B 与矩阵 A 相减，可以得到另一个 $m \times n$ 的矩阵 D：

$$D_{ij} = A[a_{ij}] - B[b_{ij}]$$

任何大小的矩阵 A 都可以乘以一个标量，如果这个标量是 s，则矩阵中的每一元素都乘以 s：

$$s[A] = [sa_{ij}]$$

如果一个矩阵的列数等于另一个矩阵的行数，则这两个矩阵可以相乘。即一个 $p \times q$ 的矩阵 $A=[a_{ij}]$可以乘以一个 $q \times r$ 的矩阵 $B=[b_{ij}]$，将得到一个大小为 $p \times r$ 的乘积矩阵 C：

$$AB = [c_{ij}]$$

其中，$c_{ij} = a_{i1}b_{1j} + a_{i2}b_{2j} + a_{i3}b_{3j} + \cdots + a_{ip}b_{pj}$。

3.2　方阵

方阵是一个行数与列数相等的矩阵，即 $m=n$。一个 $n \times n$ 的矩阵称为 n 阶方阵。方阵有一些特有的性质，如对称性和反对称性。此外，只有方阵才能求行列式和计算特征值。一个 3 阶复矩阵如下：

$$\begin{bmatrix} 2-\mathrm{i} & 3 & 7 \\ 3 & 6\mathrm{i} & 1-\mathrm{i} \\ 5 & 3+2\mathrm{i} & 8 \end{bmatrix}$$

在方阵中，所有位于矩阵左上角至右下角虚线上的元素 a_{ii} ($i=1, \cdots, n$)形成主对角线。而从左下角至右上角上的元素构成反对角线，又称交叉对角线。对于上面所示矩阵，主对角线为(2－i,

6i，8)，反对角线是(5，6i，7)。

满足下式的两个方阵 $\boldsymbol{A}$ 和 $\boldsymbol{B}$ 称为可交换方阵，

$$\boldsymbol{AB} = \boldsymbol{BA}$$

否则不能交换。比如，对于下面两个方阵 $\boldsymbol{A}$ 和 $\boldsymbol{B}$，

$$\boldsymbol{A} = \begin{bmatrix} \mathrm{i} & 0 & 0 \\ 0 & 1 & 0 \\ 1 & 0 & 2\mathrm{i} \end{bmatrix}, \quad \boldsymbol{B} = \begin{bmatrix} 2\mathrm{i} & 4 & 0 \\ 3 & 1 & 0 \\ -1 & -4 & 1 \end{bmatrix}$$

有

$$\boldsymbol{AB} = \begin{bmatrix} -2 & 4\mathrm{i} & 0 \\ 3 & 1 & 0 \\ 0 & 4-8\mathrm{i} & 2\mathrm{i} \end{bmatrix}, \quad \boldsymbol{BA} = \begin{bmatrix} -2 & 4 & 0 \\ 3\mathrm{i} & 1 & 0 \\ 1-\mathrm{i} & -4 & 2\mathrm{i} \end{bmatrix}$$

所以它们是不能交换的。

一个 $n\times n$ 的方阵 $\boldsymbol{M}$ 的迹是矩阵对角元素的和，记为 $\mathrm{Tr}(\boldsymbol{M})$，

$$\mathrm{Tr}(\boldsymbol{M}) = \sum_{i=1}^{n} m_i^i$$

所以上例中矩阵 $\boldsymbol{A}$ 的迹为

$$\mathrm{Tr}(\mathbf{A}) = \mathrm{i} + 1 + 2\mathrm{i} = 1 + 3\mathrm{i}$$

虽然上例中的矩阵乘法不满足交换律，但矩阵乘积的迹不依赖于乘法的顺序。

3.3 对角（三角）阵

如果一个 n 阶方阵满足下式，则该矩阵为对角阵：

$$a_{ii} = d_i$$

$$a_{ij} = 0,\ i \neq j$$

例如，考虑如下所示的 3×3 矩阵，元素是 $a_{11}=3$，$a_{22}=5\mathrm{i}$，$a_{33}=4$，对角线上和对角线下的所有元素都是 0。因此这是一个对角矩阵：

$$\begin{bmatrix} 3 & 0 & 0 \\ 0 & 5\mathrm{i} & 0 \\ 0 & 0 & 4 \end{bmatrix}$$

注意，对角线将矩阵分成两块，对角线以上有一块，对角线以下有一块。如果所有的 0 元素都包含在下面的块中，则该矩阵被称为上三角矩阵。如果所有的 0 元素都包含在上面的块中，则该矩阵被称为下三角矩阵。例如，矩阵

$$\begin{bmatrix} a_{11} & a_{12} & a_{13} & a_{14} \\ 0 & a_{22} & a_{23} & a_{24} \\ 0 & 0 & a_{33} & a_{34} \\ 0 & 0 & 0 & a_{44} \end{bmatrix}$$

是上三角矩阵，而矩阵

$$\begin{bmatrix} a_{11} & 0 & 0 & 0 \\ a_{21} & a_{22} & 0 & 0 \\ a_{31} & a_{32} & a_{33} & 0 \\ a_{41} & a_{42} & a_{43} & a_{44} \end{bmatrix}$$

则是下三角矩阵。

通常，如果方阵 $\boldsymbol{Y}$ 满足下式，则方阵 $\boldsymbol{Y}$ 为上三角矩阵：

$$y_{ij}=0, \quad i>j$$

如果方阵 $\boldsymbol{X}$ 满足下式，则方阵 $\boldsymbol{X}$ 为下三角矩阵：

$$x_{ij}=0, \quad i<j$$

上三角矩阵和下三角矩阵都称为三角矩阵，而对角阵既是上三角矩阵也是下三角矩阵。

3.4 算子

正如本章前面所提到的，算子 A 可以被看作将一个函数 $f(x)$ 转换为一个新函数 $Af(x)$的规则。例如，算子 $D\left(=\frac{\mathrm{d}}{\mathrm{d}x}\right)$是对函数求导：

$$D(2x^2+3x)=4x+3$$

在量子力学中，我们将一个物理系统的可被测量的属性表示为一个可观测量，通常，我们利用算子来表示这样的可观测量。例如，一个粒子的动量和位置都可以被观测并表示为算子。向量空间上的算子是该空间中两个向量之间的映射，更准确地说，这个映射是一个转换，它以一个向量作为输入，生成另一个向量作为输出。例如，如果一个算子 O 作用于一个向量空间上的向量 $\boldsymbol{v}_1$，把它转换成同一个空间中的另一个向量 $\boldsymbol{v}_1$，可以写成

$$O|\boldsymbol{v}_1\rangle=|\boldsymbol{v}_2\rangle$$

通常，算子可以是任意形式的，但在量子力学中，只对被称为线性算子的这一类算子感兴趣。为了确保其线性，算子 O 必须将向量的线性组合变换成向量变换的线性组合。

3.4.1 算子规则

使用算子进行运算需遵守一定的规则，统称为算子代数：

$$(A+B)|\boldsymbol{\varphi}\rangle=A|\boldsymbol{\varphi}\rangle+B|\boldsymbol{\varphi}\rangle$$

$$(AB)|\boldsymbol{\psi}\rangle = A(B|\boldsymbol{\psi}\rangle)$$

注意，在乘积$(AB)|\boldsymbol{\psi}\rangle$中，最右边的算子$B$首先作用于向量$|\boldsymbol{\psi}\rangle$，然后算子$A$作用于由算子$B$作用得到的向量。对于任意三个算子$A$、$B$和$C$，算子乘法满足结合律，即

$$A(BC) = (AB)C$$

但算子乘法不满足交换律，即

$$AB \neq BA$$

它们的区别是：

$$AB - BA = [A, B]$$

如果$AB=BA$，则$[A, B]=0$，且这两个算子A与B对易。注意，A和B对易是另外一个线性算子。在量子力学中，如果两个物理量的算子对易则说明可以同时观测到这两个物理量。

3.5　线性算子

算子可以将向量空间V中的一个向量$\boldsymbol{v}_i$变换成另一个可能属于V以外向量空间中的向量$\boldsymbol{v}_j$。一般来说，算子可以是任何形式的，但是在量子力学中只有一类被称为线性算子的算子特别值得关注。如果一个算子A作用于向量空间V中的向量$\boldsymbol{v}_1$，把它变换成另一个同样在向量空间V中的向量$\boldsymbol{v}_2$，那么这个算子A就被称为线性算子，即

$$\text{对所有的 } \boldsymbol{v}_1,\ \boldsymbol{v}_2 \in V,\ \text{有 } A|\boldsymbol{v}_1\rangle = |\boldsymbol{v}_2\rangle$$

线性算子A具有以下性质：

1. 对所有的$\boldsymbol{u}$，$\boldsymbol{v} \in V$，有$A(\boldsymbol{u}+\boldsymbol{v})=A\boldsymbol{u}+A\boldsymbol{v}$。
2. 对所有的$\boldsymbol{c} \in F$，$\boldsymbol{u} \in V$，有$A(\boldsymbol{cu})=\boldsymbol{c}A\boldsymbol{u}$。

显然，线性算子 A 仍将保持线性组合：

$$A(r\boldsymbol{u}+s\boldsymbol{v})=rA(\boldsymbol{u})+sA(\boldsymbol{v})$$

就像线性算子可以把一个函数变换成另一个函数，矩阵可以把一个向量变换成另一个向量。因此，线性算子和相应的矩阵之间有明确的相关性。事实上，存在唯一的 $n\times n$ 矩阵对应一个作用于 n 维向量空间的线性算子和一组基，这个基可以根据给定基生成另一个向量。

例如，假设算子 O 作用于向量 $|\boldsymbol{f}\rangle$ 和 $|\boldsymbol{g}\rangle$，

$$O|\boldsymbol{f}\rangle=|\boldsymbol{p}\rangle,\quad O|\boldsymbol{g}\rangle=|\boldsymbol{q}\rangle$$

其中 $|\boldsymbol{p}\rangle$ 和 $|\boldsymbol{q}\rangle$ 为算子 O 作用于 $|\boldsymbol{f}\rangle$ 和 $|\boldsymbol{g}\rangle$ 所得到的新向量。因此算子 O 对量子态 $(c_1|\boldsymbol{f}\rangle+c_2|\boldsymbol{g}\rangle)$ 的影响如下，其中 c_1 和 c_2 是任意两个复数，

$$\begin{aligned}O(c_1|\boldsymbol{f}\rangle+c_2|\boldsymbol{g}\rangle)&=c_1O|\boldsymbol{f}\rangle+c_2O|\boldsymbol{g}\rangle\\&=c_1|\boldsymbol{p}\rangle+c_2|\boldsymbol{q}\rangle\end{aligned}$$

如前所述，在量子力学中，除了一个算子之外，其他所有的算子都是线性的。这个例外就是反线性算子 Q，该算子具有如下性质：

$$Q(c_1|\boldsymbol{f}\rangle+c_2|\boldsymbol{g}\rangle)=c_1^*Q|\boldsymbol{f}\rangle+c_2^*Q|\boldsymbol{g}\rangle$$

两个算子的乘积产生一个新算子。例如，假设算子 C 作用于一个向量 $|\boldsymbol{s}\rangle$ 并产生另一个向量 $|\boldsymbol{t}\rangle$：

$$C|\boldsymbol{s}\rangle=|\boldsymbol{t}\rangle$$

接着，假设另一个算子 D 作用于向量 $|\boldsymbol{t}\rangle$ 并产生一个新的向量 $|\boldsymbol{u}\rangle$，从而

$$D(C|\boldsymbol{s}\rangle)=C|\boldsymbol{t}\rangle=|\boldsymbol{u}\rangle$$

上式可以写成

$$DC|\boldsymbol{s}\rangle=|\boldsymbol{u}\rangle$$

表示一个算子 C 首先作用于一个右矢向量，然后另一个算子 D 作用于得到的右矢向量，DC 称为算子 C 和算子 D 的乘积，因此两个算子的乘积 $E=DC$ 可以写成，

$$E|\boldsymbol{s}\rangle = DC|\boldsymbol{s}\rangle$$

3.6 对易子

我们需要注意两个算子 C 和 D 相乘的顺序很重要，因为一般来说：

$$CD \neq DC$$

如果上面两个算子的乘积项之差为 0，即 $CD=DC$，则称这两个算子对易，否则它们是非对易的。对于一个量子粒子，无法同时确定对应于两个非对易算子的可观测量。例如，如果 C 是动量算子，D 是位置算子，则

$$(CD-DC)\boldsymbol{\varphi} \neq 0$$

即 C 和 D 是非对易的。

3.7 线性算子的矩阵表示

假设 $\boldsymbol{B}=(\boldsymbol{v}_1，\boldsymbol{v}_2，\cdots，\boldsymbol{v}_n)$ 是 V 的一个有序基，V 的每个向量 $\boldsymbol{v}$ 可以表示为 $\boldsymbol{B}$ 中向量的线性组合。有序基表示 $\boldsymbol{B}$ 中的基向量必须明确列出哪个是第一个，哪个是第二个，等等。换句话说，列向量的顺序非常重要。因此 $\boldsymbol{B}_1=(\boldsymbol{v}_2，\boldsymbol{v}_1，\cdots，\boldsymbol{v}_n)$ 是 V 的另一个有序基。

因为 V 中的每个向量都可以表示为 $\boldsymbol{B}$ 中基向量的线性组合

$$\boldsymbol{v}=\{c_1\boldsymbol{v}_1, c_2\boldsymbol{v}_2, \cdots, c_n\boldsymbol{v}_n\}$$

因此，算子 A 作用于 V，得到

$$A(\boldsymbol{v})=c_1A(\boldsymbol{v}_1)+c_2A(\boldsymbol{v}_2)+\cdots+c_nA(\boldsymbol{v}_n)$$

假设$\{\boldsymbol{g}_1, \boldsymbol{g}_2, \cdots, \boldsymbol{g}_m\}$是向量 $\boldsymbol{W}$ 的基。那么算子 A 关于这个基的矩阵可以通过首先计算 $A(\boldsymbol{v}_1)\cdots A(\boldsymbol{v}_n)$，然后使用基$\{\boldsymbol{g}_1, \boldsymbol{g}_2, \cdots, \boldsymbol{g}_m\}$进行扩展，如下所示，其中 c_{ij} $(i=1, \cdots, m, j=1, \cdots, n)$为常量：

$$\begin{aligned}A(\boldsymbol{v}_1)&=c_{11}\boldsymbol{g}_1+c_{21}\boldsymbol{g}_2+\cdots+c_{m1}\boldsymbol{g}_m\\A(\boldsymbol{v}_2)&=c_{12}\boldsymbol{g}_1+c_{22}\boldsymbol{g}_2+\cdots+c_{m2}\boldsymbol{g}_m\\&\vdots\\A(\boldsymbol{v}_n)&=c_{1n}\boldsymbol{g}_1+c_{2n}\boldsymbol{g}_2+\cdots+c_{mn}\boldsymbol{g}_m\end{aligned}$$

通过将所有标量 c_{ij} 一列一列地排列成矩阵形式，根据给定基$\{\boldsymbol{b}_1, \boldsymbol{b}_2, \cdots, \boldsymbol{b}_n\}$和$\{\boldsymbol{g}_1, \boldsymbol{g}_2, \cdots, \boldsymbol{g}_n\}$，得到矩阵 $\boldsymbol{A}$：

$$\boldsymbol{A}=\begin{bmatrix}c_{11}&c_{12}&\cdots&c_{1n}\\c_{21}&c_{22}&\cdots&c_{2n}\\\vdots&\vdots&&\vdots\\c_{m1}&c_{m2}&\cdots&c_{mn}\end{bmatrix}$$

另一种表示线性算子的矩阵表示方法是基于这样一个定义：当一个线性算子作用于一个向量时，生成另一个向量。如果算子作用于表示向量的列矩阵，则结果将是另一个列矩阵。因此，算子对向量的作用可以看作矩阵的乘法[1]，即

$$|\boldsymbol{\varphi}\rangle=A|\boldsymbol{\psi}\rangle$$

3.8 对称矩阵

如果一个方阵等于它的转置，则该方阵是对称的。换句话说，

一个 $n \times n$ 的矩阵 $\boldsymbol{A}$，如果满足 $\boldsymbol{A}=\boldsymbol{A}^{\mathrm{T}}$，即这个矩阵关于它的主对角线是对称的(从左上角到右下角)，则 $\boldsymbol{A}$ 是对称的。

对称矩阵的一些重要性质如下：

1. 对称矩阵 $\boldsymbol{A}$ 的转置也是对称的。

2. 对称矩阵 $\boldsymbol{A}$ 和标量 c 的乘积，即 $c\boldsymbol{A}$ 也是对称的。

3. 对称矩阵 $\boldsymbol{A}$ 的转置的逆等于矩阵的逆，

$$(\boldsymbol{A}^{\mathrm{T}})' = \boldsymbol{A}'$$

4. 如果 $\boldsymbol{A}$ 和 $\boldsymbol{B}$ 是两个对称矩阵，且 $(\boldsymbol{A}+\boldsymbol{B})^{\mathrm{T}}=\boldsymbol{A}^{\mathrm{T}}+\boldsymbol{B}^{\mathrm{T}}=\boldsymbol{A}+\boldsymbol{B}$，则 $(\boldsymbol{A}+\boldsymbol{B})$ 也是一个对称矩阵。

5. 如果两个对称矩阵对易，则这两个对称矩阵的乘积也是对称的，即 $\boldsymbol{AB}=\boldsymbol{BA}$。

在量子力学中，厄米矩阵和酉矩阵是两个特别重要的对称矩阵。为了理解这些矩阵，有必要熟悉下面几节中讨论的一些算子。

3.9　转置算子

一个 $m \times n$ 的矩阵 $\boldsymbol{A}$ 的转置是一个有 $n \times m$ 个元素的矩阵，记作 $\boldsymbol{A}^{\mathrm{T}}$，

$$(\boldsymbol{A}^{\mathrm{T}})_{ij} = a_{ji}$$

因此，将矩阵 $\boldsymbol{A}$ 的第 i 行替换为矩阵 $\boldsymbol{A}$ 的第 i 列，就可以得到矩阵的转置。转置算子如下式所示：

$$\boldsymbol{A} = \begin{bmatrix} 1 & 0 & 0 \\ 0 & 0 & 1 \\ 1 & 1 & 1 \end{bmatrix},\quad \boldsymbol{A}^{\mathrm{T}} = \begin{bmatrix} 1 & 0 & 1 \\ 0 & 0 & 1 \\ 0 & 1 & 1 \end{bmatrix}$$

以下特性很容易证明：

1. $(\boldsymbol{A}^{\mathrm{T}})^{\mathrm{T}}=\boldsymbol{A}$ 和$(\boldsymbol{A}^{*})^{*}=\boldsymbol{A}$

2. $(\boldsymbol{A}\pm\boldsymbol{B})^{\mathrm{T}}=\boldsymbol{A}^{\mathrm{T}}\pm\boldsymbol{B}^{\mathrm{T}}$（也适用于 $*$ ）

3. $(c\boldsymbol{A})^{\mathrm{T}}=c(\boldsymbol{A})^{\mathrm{T}}$

4. $(\boldsymbol{A}\boldsymbol{B})^{\mathrm{T}}=\boldsymbol{B}^{\mathrm{T}}\boldsymbol{A}^{\mathrm{T}}$

3.10 正交矩阵

如果矩阵 $\boldsymbol{A}$ 的转置等于它的逆矩阵，则称该方阵为正交阵：

$$\boldsymbol{A}^{\mathrm{T}}=\boldsymbol{A}^{-1}$$

或等价为满足 $\boldsymbol{A}^{\mathrm{T}}\boldsymbol{A}=\boldsymbol{I}$。

例如，下面所示的矩阵 $\boldsymbol{A}$ 就是正交的：

$$\boldsymbol{A}=\begin{bmatrix}\cos\theta & -\sin\theta\\ \sin\theta & \cos\theta\end{bmatrix}$$

$$\boldsymbol{A}^{\mathrm{T}}=\begin{bmatrix}\cos\theta & \sin\theta\\ -\sin\theta & \cos\theta\end{bmatrix}$$

由于 $\boldsymbol{A}^{\mathrm{T}}\boldsymbol{A}=\begin{bmatrix}1 & 0\\ 0 & 1\end{bmatrix}=\boldsymbol{I}$，所以矩阵 $\boldsymbol{A}$ 和 $\boldsymbol{A}^{\mathrm{T}}$ 是正交的。

正交矩具有以下特性：

1. 在正交矩阵中，任意两个行向量或任意两个列向量的内积等于零。

2. 单位矩阵是正交的。

3. 一个正交矩阵和它的转置矩阵的乘积等于相同大小的单位矩阵。

4. 两个正交矩阵的乘积也是正交的。

5. 正交矩阵总是对称矩阵。

3.11　单位算子

单位算子 $\boldsymbol{I}$ 是一个方阵，其主对角线上的所有元素都为 1，其余元素都为 0。因此单位矩阵可以表示为

$$\boldsymbol{I}_{ii}=1$$

$$\boldsymbol{I}_{ij}=0,\ i\neq j$$

例如，一个 4×4 的单位矩阵如下所示：

$$\begin{bmatrix}1&0&0&0\\0&1&0&0\\0&0&1&0\\0&0&0&1\end{bmatrix}$$

显然，对角阵也可以用来表示单位矩阵：

$$\boldsymbol{I}_n=(a_{11},\ a_{22},\ \cdots,\ a_{nn})$$

其中 n 是矩阵的迹。

一个 4×4 的矩阵与单位矩阵的乘积如下：

$$\begin{bmatrix}2&0&5&0\\0&3&0&6\\4&1&1&3\\0&2&0&7\end{bmatrix}\begin{bmatrix}1&0&0&0\\0&1&0&0\\0&0&1&0\\0&0&0&1\end{bmatrix}=\begin{bmatrix}2&0&5&0\\0&3&0&6\\4&1&1&3\\0&2&0&7\end{bmatrix}$$

正如上面所看到的，矩阵与单位矩阵的乘法复制了原矩阵，没有任何变化。换句话说，一个矩阵乘以一个单位矩阵的效果与乘以 1 的效果相同。

3.12 伴随算子

复线性代数中最重要的运算之一是线性算子的厄米共轭或伴随。算子 A 的伴随是通过取它所有项的共轭复数，然后交换行和列得到的，记作 $A^\dagger$，即

$$A^\dagger(i,j) = A(j,i)^*$$

以 3×3 矩阵为例：

$$\boldsymbol{A} = \begin{bmatrix} 2 & -\mathrm{i} & 4 \\ 1-2\mathrm{i} & 5 & 2-5\mathrm{i} \\ -5\mathrm{i} & 2+\mathrm{i} & 3+7\mathrm{i} \end{bmatrix}$$

$\boldsymbol{A}$ 的共轭复数记作 $\boldsymbol{A}^*$，首先取每一项的共轭复数：

$$\boldsymbol{A}^* = \begin{bmatrix} 2 & \mathrm{i} & 4 \\ 1+2\mathrm{i} & 5 & 2+5\mathrm{i} \\ 5\mathrm{i} & 2-\mathrm{i} & 3-7\mathrm{i} \end{bmatrix}$$

然后，将 $\boldsymbol{A}^*$ 转置得到其伴随(或厄米共轭)：

$$\boldsymbol{A}^\dagger = \begin{bmatrix} 2 & 1+2\mathrm{i} & 5\mathrm{i} \\ \mathrm{i} & 5 & 2-\mathrm{i} \\ 4 & 2+5\mathrm{i} & 3-7\mathrm{i} \end{bmatrix}$$

线性算子 A 的伴随算子可以用左右矢符号表示[2]：

$$\langle A^\dagger \boldsymbol{\varphi} | \boldsymbol{\psi} \rangle = \langle \boldsymbol{\varphi} | A \boldsymbol{\psi} \rangle \tag{3.1}$$

通过改变等式左边左矢和右矢的顺序，可以将其改写为，

$$(\langle \boldsymbol{\psi} | A^\dagger \boldsymbol{\varphi} \rangle)^* = \langle \boldsymbol{\varphi} | A \boldsymbol{\psi} \rangle$$

等式两边取复共轭：

$$(\langle \boldsymbol{\psi} | A^{\dagger} | \boldsymbol{\varphi} \rangle) = (\langle \boldsymbol{\varphi} | A | \boldsymbol{\psi} \rangle)^{*}$$

然后，改变公式(3.1)中左矢和右矢的顺序：

$$\langle \boldsymbol{\psi} | A^{\dagger} \boldsymbol{\varphi} \rangle = \langle A\boldsymbol{\psi} | \boldsymbol{\varphi} \rangle$$

约去两边的$|\boldsymbol{\varphi}\rangle$：

$$\langle \boldsymbol{\psi} | A^{\dagger} \equiv \langle A\boldsymbol{\psi} |$$

左矢算子$\langle A\boldsymbol{\psi} |$被认为是矩阵 $\boldsymbol{A}$ 的伴随项，被记为 $\boldsymbol{A}^{\dagger}$。换句话说，每个右矢 $A|\boldsymbol{\psi}\rangle$都有一个对应的左矢$\langle \boldsymbol{\psi} | A^{\dagger}$[2]。

由左矢、右矢、常数以及算子组成的一个表达式的厄米共轭可以通过以下步骤得到：

1. 用复共轭取代任意复常数。复数的厄米共轭是该数的复共轭，即 $a^{\dagger}=a^{*}$。

2. 用相应的左矢替换右矢，相应的右矢替换左矢。注意，在推导算子的伴随项时，需要交换左矢和右矢。

3. 用伴随项替换算子。

4. 反转因子的顺序。

3.13　厄米算子

厄米算子是一类特殊的重要算子，因为厄米算子的特征值是可观测量的可能值，这意味着测量值为实数而不是复数。

在量子力学中，与伴随项相等的算子称为厄米共轭算子或自伴随算子。换句话说，算子 A 是厄米算子的当且仅当满足以下等式：

$$A^{\dagger} = A$$

作为一个例子，推导下面表示线性算子的矩阵的伴随项，确定其是否是厄米矩阵：

$$A=\begin{bmatrix}2 & 2+\mathrm{i} & 4\\ 2-\mathrm{i} & 3 & \mathrm{i}\\ 4 & -\mathrm{i} & 1\end{bmatrix}$$

首先，确定矩阵的共轭复数 A^*，

$$A^*=\begin{bmatrix}2 & 2-\mathrm{i} & 4\\ 2+\mathrm{i} & 3 & -\mathrm{i}\\ 4 & \mathrm{i} & 1\end{bmatrix}$$

然后，对 A^* 进行转置得到

$$A^\dagger=\begin{bmatrix}2 & 2+\mathrm{i} & 4\\ 2-\mathrm{i} & 3 & \mathrm{i}\\ 4 & -\mathrm{i} & 1\end{bmatrix}$$

由于 $A=A^\dagger$，所以该矩阵是厄米矩阵。

请注意，$A^\dagger$中的每个元素都等于位于矩阵对角线对称位置的元素的共轭复数。

厄米算子具有如下特性：

1. 它们是对称矩阵的复类比，厄米矩阵的对角元素必须是实数，因为在共轭过程中不能改变这些元素。此外，每个元素与其在对角线上的镜像元素必须是复共轭的。

2. 任何状态下的厄米算子的期望值都是实数。同样，所有状态的期望值均为实数的算子一定是厄米矩阵。

3. 厄米算子的特征值是实数。

3.14 酉算子

一个由 $n\times n$ 的矩阵 A 表示的算子，如果它乘以它的共轭转置

后得到一个单位矩阵，那么就称这个矩阵 $\boldsymbol{A}$ 是酉矩阵，

$$\boldsymbol{AA}^\dagger = \boldsymbol{I}$$

换句话说，如果一个矩阵 $\boldsymbol{A}$ 的共轭转置等于它的逆矩阵，则该矩阵 $\boldsymbol{A}$ 是一个酉矩阵，

$$\boldsymbol{A}^\dagger = \boldsymbol{A}^{-1}$$

比如，如下矩阵是酉矩阵：

$$\boldsymbol{A} = \frac{1}{2}\begin{bmatrix} 1+\mathrm{i} & 1-\mathrm{i} \\ 1-\mathrm{i} & 1+\mathrm{i} \end{bmatrix}$$

该矩阵的共轭转置为

$$\boldsymbol{A}^\dagger = \frac{1}{2}\begin{bmatrix} 1-\mathrm{i} & 1+\mathrm{i} \\ 1+\mathrm{i} & 1-\mathrm{i} \end{bmatrix}$$

所以有

$$\boldsymbol{AA}^\dagger = \frac{1}{4}\begin{bmatrix} (1+\mathrm{i})(1-\mathrm{i})+(1-\mathrm{i})(1+\mathrm{i}) & (1+\mathrm{i})(1+\mathrm{i})+(1-\mathrm{i})(1-\mathrm{i}) \\ (1-\mathrm{i})(1-\mathrm{i})+(1+\mathrm{i})(1+\mathrm{i}) & (1-\mathrm{i})(1+\mathrm{i})+(1+\mathrm{i})(1-\mathrm{i}) \end{bmatrix}$$

$$= \frac{1}{4}\begin{bmatrix} 2+2 & 2-2 \\ 2-2 & 2+2 \end{bmatrix}$$

$$= \frac{1}{4}\begin{bmatrix} 4 & 0 \\ 0 & 4 \end{bmatrix}$$

$$= \begin{bmatrix} 1 & 0 \\ 0 & 1 \end{bmatrix}$$

$$= \boldsymbol{I}$$

3.14.1　酉算子的性质

1. 酉算子保留了向量空间 V 中任意两个向量 $\boldsymbol{u}$ 和 $\boldsymbol{v}$ 的内积。为了说明这一点，假设有

$$\langle \boldsymbol{c}| = \langle U|\boldsymbol{a}\rangle$$

和

$$\langle \boldsymbol{d}| = \langle U|\boldsymbol{b}\rangle$$

则

$$\begin{aligned}\langle \boldsymbol{c}|\boldsymbol{d}\rangle &= \langle U|\boldsymbol{a}\rangle\langle U|\boldsymbol{b}\rangle \\ &= \langle \boldsymbol{a}|U^{\dagger}U|\boldsymbol{b}\rangle \\ &= \langle \boldsymbol{a}|\boldsymbol{b}\rangle\end{aligned}$$

2. 酉算子是可逆的。注意，当且仅当矩阵非奇异时，与算子对应的矩阵是可逆的。奇异矩阵的行列式为零。

3. 特征函数是正交且完备的。

4. 特征值不一定是实数。

3.15 投影算子

考虑任意右矢$|\boldsymbol{\varphi}\rangle$在基($\boldsymbol{v}_0$，$\boldsymbol{v}_1$，$\boldsymbol{v}_2$，…)下的展开式，

$$|\boldsymbol{\varphi}\rangle = \sum_{i=0}^{n} c_i |\boldsymbol{v}_i\rangle$$

假设线性算子$\langle \boldsymbol{v}_1|\boldsymbol{v}_1\rangle$作用于向量$|\boldsymbol{\varphi}\rangle$，这将得到向量在$|\boldsymbol{v}_1\rangle$方向上的投影：

$$|\boldsymbol{v}_1\rangle\langle \boldsymbol{v}_1|\boldsymbol{\varphi}\rangle$$

如果向量是正交的，则算子$|\boldsymbol{v}_0\rangle\langle \boldsymbol{v}_0| + |\boldsymbol{v}_1\rangle\langle \boldsymbol{v}_1|$将向量投影到由$|\boldsymbol{v}_0\rangle$和$|\boldsymbol{v}_1\rangle$定义的二维子空间[3]：

$$|\boldsymbol{v}_0\rangle\langle \boldsymbol{v}_0|\boldsymbol{\varphi}\rangle + |\boldsymbol{v}_1\rangle\langle \boldsymbol{v}_1|\boldsymbol{\varphi}\rangle$$

以此类推，这个和可以推广到所有基向量的和，

$$|\boldsymbol{v}_0\rangle\langle \boldsymbol{v}_0|\boldsymbol{\varphi}\rangle + |\boldsymbol{v}_1\rangle\langle \boldsymbol{v}_1|\boldsymbol{\varphi}\rangle + \cdots + |\boldsymbol{v}_{n-1}\rangle\langle \boldsymbol{v}_{n-1}|\boldsymbol{\varphi}\rangle$$

通常，如果一个由给定的一组标准正交基的所有单个投影算子的和组成的算子作用于一个向量 $\boldsymbol{v}_i$，那么得到的向量是：

$$
\begin{aligned}
|\boldsymbol{\varphi}\rangle &= \sum_{i=0}^{n-1} \langle \boldsymbol{v}_i | \boldsymbol{\varphi} \rangle | \boldsymbol{v}_i \rangle \\
&= \sum_{i=0}^{n-1} | \boldsymbol{v}_i \rangle \langle \boldsymbol{v}_i | \boldsymbol{\varphi} \rangle \\
&= \left(\sum_{i=0}^{n-1} | \boldsymbol{v}_i \rangle \langle \boldsymbol{v}_i | \right) | \boldsymbol{\varphi} \rangle
\end{aligned}
$$

因此，

$$
\sum_{i=0}^{n-1} | \boldsymbol{v}_i \rangle \langle \boldsymbol{v}_i | = \boldsymbol{I}
$$

其中 $\boldsymbol{I}$ 是单位算子。这就是所选标准正交基的完备性关系，它表明一个向量在所有可能方向上的投影之和等于原向量。集合 $| \boldsymbol{v}_i \rangle \langle \boldsymbol{v}_i |$ 作为 $| \boldsymbol{v}_i \rangle$ 方向上的算子被称为投影算子 P_v[4]。

注意，$P_v^2 = P_v P_v = | \boldsymbol{v} \rangle \langle \boldsymbol{v} | \, | \boldsymbol{v} \rangle \langle \boldsymbol{v} | = | \boldsymbol{v} \rangle \langle \boldsymbol{v} | = P_v$。

投影算子的两个重要性质如下：

1. 它是厄米共轭的，也就是 $P = P^\dagger$。

2. 投影算子等于它自身的平方。

参考文献

1. J. W. Van Orden, Quantum mechanics lecture notes, Old Dominion Uiversity, August 21, 2007.
2. B. Zwiebach, Dirac's Bra and ket notations, Lecture note for Quantum Physics II, MIT, Fall 2013.
3. Intermediate Quantum Mechanics, Lecture 6 (Notes), Rutgers University, Fall 2012.
4. Quantum Physics, UCSD Physics 130, April 2, 2003, page 183. *https://quantum-mechanics.ucsd.edu/ph130a/130_notes/node246.html.*

第4章

布尔代数、逻辑门和量子信息处理

布尔代数使用符号来表示语句或命题。命题可以为真也可以为假，但不能两者都是。布尔代数使用符号 1 表示真命题，用符号 0 表示假命题。如果符号 a，b，c，…代表的是一些真或假的基本命题，那么利用逻辑连接词与(AND)、或(OR)、非(NOT)等，就可以组合这些基本命题以形成复杂命题。

4.1 布尔代数

布尔代数[1]是定义在集合 $\mathcal{A}$ 上的两个二进制运算·和+。符号·和+分别表示 AND 和 OR。布尔代数的运算基于以下公理或假设：

1. 如果 x，$y \in \mathcal{A}$，则 $x+y \in \mathcal{A}$，$x \cdot y \in \mathcal{A}$，这就是所谓的闭合属性。

2. 如果 x，$y \in \mathcal{A}$，则 $x+y=y+x$，$x \cdot y=y \cdot x$，即这两个运算满足交换性。

3. 如果 x，y，$z \in \mathcal{A}$，则有

$$x + (y \cdot z) = (x + y) \cdot (x + z)$$

$$x \cdot (y + z) = (x \cdot y) + (x \cdot z)$$

即这两个运算是可分配的。

4. 必须存在单位元素 0 和 1，对于所有 $\mathcal{A}$ 中的元素，都有 $x+0=x$ 和 $x \cdot 1=x$ 成立。

5. 对于 $\mathcal{A}$ 中的每个元素 x 都存在一个元素 x'，称为 x 的补码。

$$x + x' = 1, \quad x \cdot x' = 0$$

注意，基本假设是成对的。通过简单地交换一个假设中所有的 OR 和 AND 运算，以及单位元素 0 和 1，就可以获得另一个假设。这个特性被称为对偶性。

用于处理布尔函数的几个定理如下：

定理 1 单位元素 0 和 1 是唯一的。

定理 2 幂等律：

$$x + x = x, \quad x \cdot x = x$$

定理 3

$$x + 1 = 1, \quad x \cdot 0 = 0$$

定理 4 吸收律：

$$x + xy = x, \quad x \cdot (x + y) = x$$

定理 5 $\mathcal{A}$ 中的每个元素都有唯一的补码。

定理 6 对合律：

$$(x')' = x$$

定理 7

$$x + x'y = x + y, \quad x(x' + y) = xy$$

定理 8　德摩根定律：

$$(x+y)'=x'\cdot y',\quad (xy)'=x'+y'$$

如果用 1 来表示真命题，用 0 来表示假命题，那么这两个命题的 AND(·)组合可以写成：

$$0\cdot 0=0$$
$$0\cdot 1=0$$
$$1\cdot 0=0$$
$$1\cdot 1=1$$

将这两个命题的 AND 组合称为两个命题的*乘积*。两个命题的 OR 组合称为两个命题的*和*，可以写成如下形式：

$$0+0=0$$
$$0+1=1$$
$$1+0=1$$
$$1+1=1$$

当且仅当运算为假时，语句的 NOT 操作为真。NOT 运算又称补语或否定，可表述如下：

$$(0)'=1$$
$$(1)'=0$$

AND 门实现逻辑乘操作，OR 门实现逻辑加操作，互补由反相器(非门)执行。任何复杂的命题都可以分解成一组基本命题，其中每一个基本命题都可以用一个合适的门来实现，并按照命题的含义连接在一起。因此，可以使用门和导线将复杂的命题转换成布尔电路。这些门执行简单的逻辑运算，而导线则在电路中传送信息。布尔电路的通用基为集合{AND，OR，NOT}，用这个通用基可以构造出所有其他的布尔函数。除了 AND、OR 和

NOT 运算符之外，基本逻辑算子集合中还可以添加另外三个算子：identity、fanout 和 exchange。算子 identity 不改变它作用的任何位，即 0 还是 0，1 还是 1。因此，该算子可以被看作把信号从一个地方带到另一个地方的导线。fanout 将一个信号分裂成两个完全相同的信号。当两个输入信号不相等时，用 exchange 对它们进行交换。

4.2 经典电路计算模型

经过多年研究，人们研究出了几种经典的计算模型，如图灵机、高级编程语言、布尔电路[2]。由于逻辑电路是现实世界计算机的基本组件，因此布尔电路模型不仅是最合适的，也是量子计算研究中最易推广的模型。布尔电路模型如图 4.1 所示。

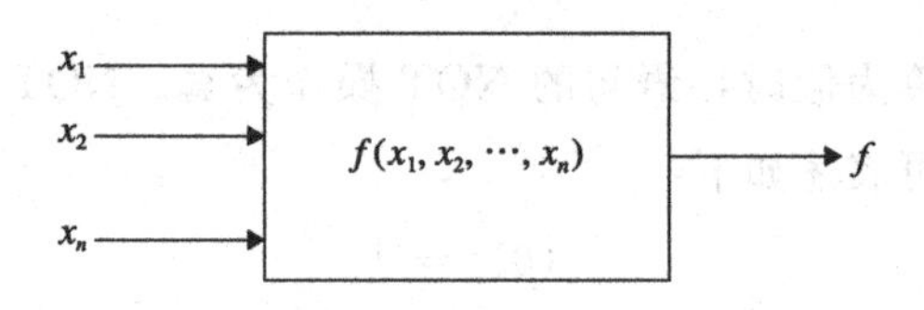

图 4.1 一个含有 n 个变量的函数

用 f 表示一个含有 n 个变量(x_1，x_2，…，x_n)的函数。如果每个变量都可以独立地假设为 true(1)或 false(0)，即变量为二元变量，那么这个函数就被称为 n 个变量的布尔函数。一个经典的计算电路模型就是对函数 f 进行计算并给出 m 位输出。即它计算的是一个二进制函数

$$f:(0,1)^n \to (0,1)^m$$

该函数将 n 个输入变量映射为 m 个输出值。

布尔函数可以用真值表来描述。每个变量有两种取值，可以是0或1，所以 n 个变量一共有 2^n 个值的组合。而每个组合的值可以是0或1。真值表显示了一个函数所有可能的 2^n 个变量组合的值。图4.2显示了该函数的真值表。

$f(a, b, c) = ab + bc + ac$

a	b	c	$f(a, b, c)$
0	0	0	0
0	0	1	0
0	1	0	0
0	1	1	1
1	0	0	0
1	0	1	1
1	1	0	1
1	1	1	1

图4.2　函数 $f(a, b, c)=ab+bc+ac$ 的真值表

一组称为逻辑门的电路元件可以用来实现布尔函数，这组电路元件被称为基。最常用的通用基包括以下三个门：AND、OR和NOT。它们可以实现图4.1中所示的任意形式的布尔函数。每个门将其输入映射到1位输出，在图4.1中，$n=2$，$m=1$，

$$f:(0, 1)^2 \to (0, 1)^1$$

当且仅当所有输入变量都是1时，AND门的输出为1。图4.3显示了两输入AND门的四个可能的输入组合。

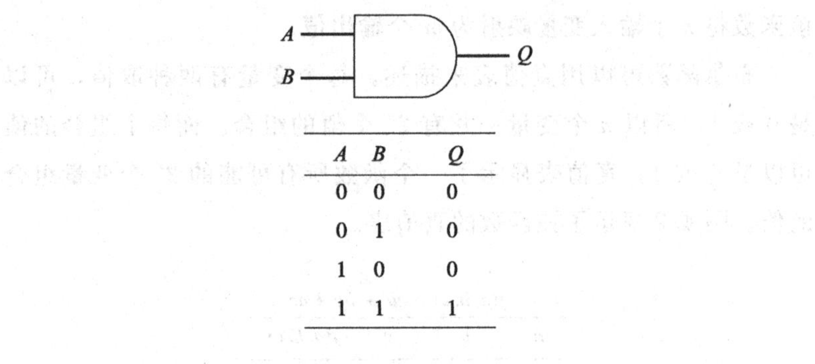

A	B	Q
0	0	0
0	1	0
1	0	0
1	1	1

图 4.3　AND 门

图 4.4 展示了一个两输入 OR 门。仅当所有输入为 0 时，OR 门输出为 0。

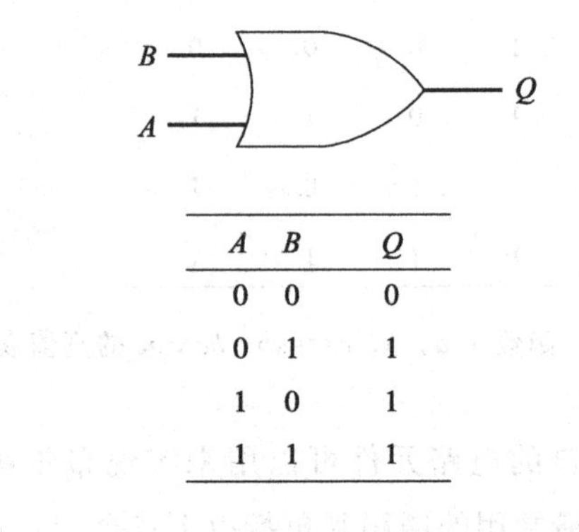

A	B	Q
0	0	0
0	1	1
1	0	1
1	1	1

图 4.4　OR 门

XOR(异或)门为 OR 门的变体，也被称为 EXVLUSIVE-OR 门，也是非常有用的。XOR 门与传统 OR 门之间的唯一区别是，当两个输入都为 1 时，XOR 输出为 0。图 4.5 给出了 XOR 门的符号和真值表。

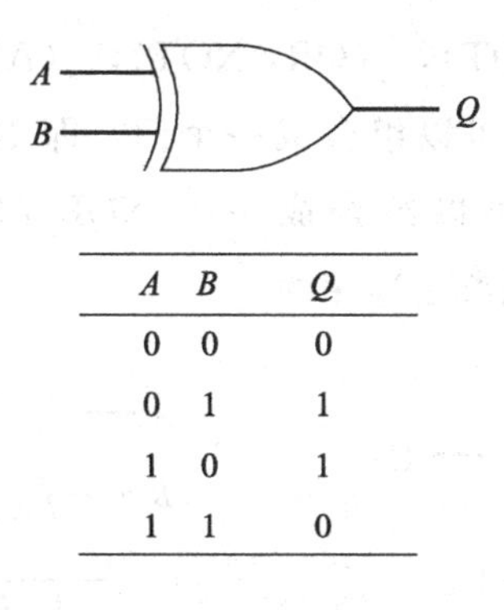

A	B	Q
0	0	0
0	1	1
1	0	1
1	1	0

图 4.5　XOR 门

当输入为 0 时，NOT 门的输出为 1；当输入为 1 时，输出为 0。图 4.6 显示了 NOT 门的符号。它有时也被称为反相缓冲器或逆变器。

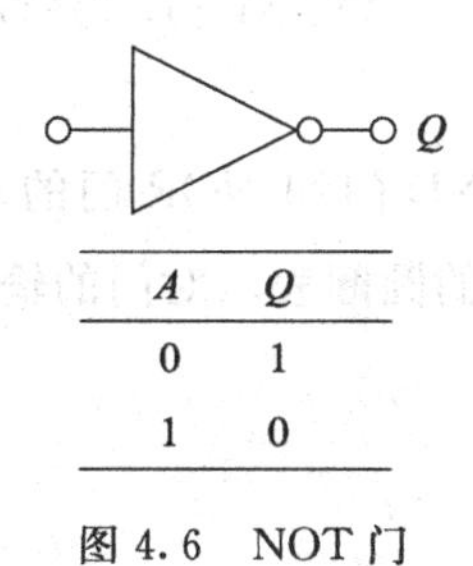

A	Q
0	1
1	0

图 4.6　NOT 门

4.3　通用逻辑门

如果每一个布尔函数都可以仅使用同一组门实现，那么就认为这组门是通用的，因此，通用门在功能上是完备的。例如，以下几组门是通用的

（AND，NOT），（OR，NOT），（AND，XOR）

既然 AND 和 NOT 可以组合成一个门，即 NAND 门（图 4.7a），而 OR 和 NOT 也可以组合成一个 NOR 门（图 4.7b），因此，NAND 门和 NOR 门都是通用的。

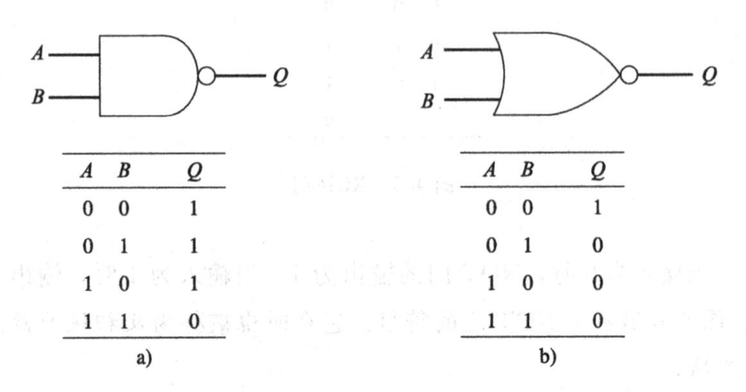

A	B	Q
0	0	1
0	1	1
1	0	1
1	1	0

a)

A	B	Q
0	0	1
0	1	0
1	0	0
1	1	0

b)

图 4.7　a)NAND 门，b)NOR 门

图 4.7 所示为 NAND 门和 NOR 门的真值表及图形符号，其中图形符号输出引脚上的圆圈表示对门的输出执行补码运算。

4.4　量子计算

量子计算机利用亚原子粒子的某些独特特性，结合计算机科学的理论来处理和存储信息。在过去的三十多年里，人们对量子力学和计算机科学的融合进行了深入的探究，并由此导致了一类计算技术的发展，比如破译密码、大数分解、搜索无序集合等，这些问题都可以使用量子计算机更有效地解决。

量子计算机信息处理能力的这种进步主要归因于这样一个事

实，即量子计算机中的数据位可以同时以一种以上的状态存在，并且可以同时进行运算，这与经典计算机中的数据位不同。

经典数字表示法中的信息使用的是比特(也称为位)序列。每个比特相当于一个电子的电荷，如果电子是带电的，则假定该比特的值为1；如果电子不带电，则该比特的值为0。因此，位(也称为经典位)可以处于状态0也可以处于状态1，任何时候对一个位进行测量都会得到两种可能的结果之一。

4.5　量子位及其表示

就像在经典计算系统中那样，量子计算系统也需要两个不同的系统状态来表示单个数据位。例如，考虑氢原子中的电子。它可以处于基态，也可以处于激发态，如图4.8所示。

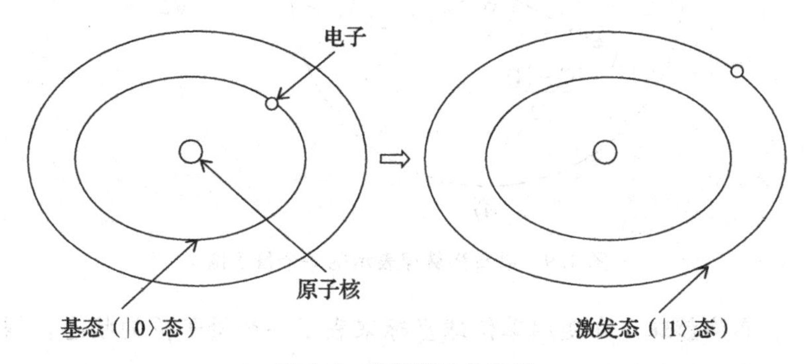

图4.8　氢原子中的电子

如果这是一个经典系统，可以假设激发态为$|1\rangle$，基态是$|0\rangle$，如图4.8所示。通常，电子是一个量子系统，可以存在于基态和激发态的线性叠加中。基态(0)的概率振幅为α，激发态(1)的概率

振幅为β。这样一个双态量子系统被称为一个量子位，它的实际状态ψ也可以是这些基态的任意线性组合(或叠加)。

量子位的状态空间可以用一个被称为布洛赫球的虚球来可视化，如图4.9所示。它具有单位半径，球体上的箭头表示量子位的状态。选择该球的北极和南极分别代表态$|1\rangle$和$|0\rangle$，其他位置为$|1\rangle$和$|0\rangle$的叠加。经典位的状态可以是赤道的北极或南极，但量子位可以是球体上的任何一点。

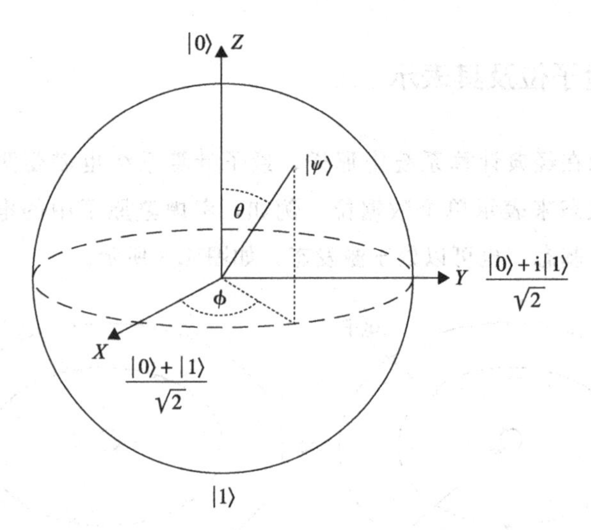

图4.9 以布洛赫球表示的一个量子位

布洛赫球允许使用单位球坐标来表示一个量子位的状态，例如极角θ和方位角φ。量子位的布洛赫球表示为

$$|\psi\rangle = \cos\frac{\theta}{2}|0\rangle + e^{i\varphi}\sin\frac{\theta}{2}|1\rangle$$

其中$0\leqslant\theta<\pi$，$0\leqslant\varphi\leqslant2\pi$。

归一化约束为

$$\left|\cos\frac{\theta}{2}\right|^2+\left|\sin\frac{\theta}{2}\right|^2=1$$

注意，不管 φ 是多少，当 $\theta=0$ 时有 $|\varphi\rangle=|0\rangle$，当 $\theta=\pi$ 时有 $|\varphi\rangle=|1\rangle$。在布洛赫球表示法中，量子位不仅可以位于球面的南极或北极，而且还可以位于这两种状态的混合态。换句话说，量子位可以同时以多种状态存在。这基本上就是*叠加原理*的本质，叠加原理是由亚原子粒子的波的性质决定的。

量子位可以由围绕氢原子旋转的电子的两种状态来实现(如图 4.8 所示)，也可以由具有两种状态 $|\uparrow\rangle$ 和 $|\downarrow\rangle$ 的自旋 1/2 系统实现，或者通过光子的水平偏振和垂直偏振来实现，或是任何其他双态量子系统。当被测量时，量子位的响应方式与经典位相同，即输出 0 或 1。

量子位与经典位不同的是，它可以在 0 和 1 的叠加态下工作，正是这个独特性质使量子计算如此特别，并能提供无与伦比的计算潜力。例如，一个 4 位(经典)寄存器可以一次存储从 0 到 15 的数字，而一个 4 量子位寄存器可以将所有 16 个数字存储在一个叠加中。量子位寄存器中的所有值都可以同时访问和运算，从而允许真正的并行计算。叠加态可以写成 $|0\rangle$ 和 $|1\rangle$ 的线性组合

$$|\psi\rangle=\alpha|0\rangle+\beta|1\rangle \tag{4.1}$$

其中 $|\psi\rangle$ 是量子位的状态，$|0\rangle$ 和 $|1\rangle$ 是计算基态。系数 α 和 β 是复数，它们被称为概率振幅，实际的概率由相关振幅平方的绝对值给出。也就是说，如果 α 是 0 态的概率振幅，那么量子位处于 0 态的概率是 $\alpha\alpha^*=|\alpha|^2$，其中 α^* 是 α 的复共轭，同理，量子位处于 1 态的概率是 $|\beta|^2$。归一化要求概率之和必须为 1：

$$|\alpha|^2+|\beta|^2=1$$

式(4.1)中的量子态 ψ 可以写成由两个基态张成的二维复平面上的单位列向量。图 4.10 展示了这两种基态，这些基态被称为标准基。注意向量 $|1\rangle$ 和 $|0\rangle$ 是正交的，也就是说，它们互相垂直。状态为 $|0\rangle$ 的量子位由列向量 $\begin{bmatrix}1\\0\end{bmatrix}$ 表示，状态为 $|1\rangle$ 的量子位由列向量 $\begin{bmatrix}0\\1\end{bmatrix}$ 表示，即

$$|0\rangle=\begin{bmatrix}1\\0\end{bmatrix},\quad |1\rangle=\begin{bmatrix}0\\1\end{bmatrix}$$

所以有

$$\begin{aligned}\boldsymbol{\psi}&=\alpha|0\rangle+\beta|1\rangle\\&=\alpha\begin{bmatrix}1\\0\end{bmatrix}+\beta\begin{bmatrix}0\\1\end{bmatrix}\\&=\begin{bmatrix}\alpha\\0\end{bmatrix}+\begin{bmatrix}0\\\beta\end{bmatrix}\\&=\begin{bmatrix}\alpha\\\beta\end{bmatrix}\end{aligned}$$

换句话说，一个任意量子位的状态是由向量 $\begin{bmatrix}\alpha\\\beta\end{bmatrix}$ 表示的。

图 4.10 中的箭头是由 $|1\rangle$ 和 $|0\rangle$ 构成的直角三角形的斜边，斜边的平方等于垂直边和水平边的平方和。由于这个和的值为 1，所以斜边的长度为 1。因此，给定一个单位长度的箭头，它在垂直和水平方向上的投影给出了一对数，这对数的平方和为 1。换句话说，箭头提供了有关配置状态的所有必要信息，称为状态向量[3]。

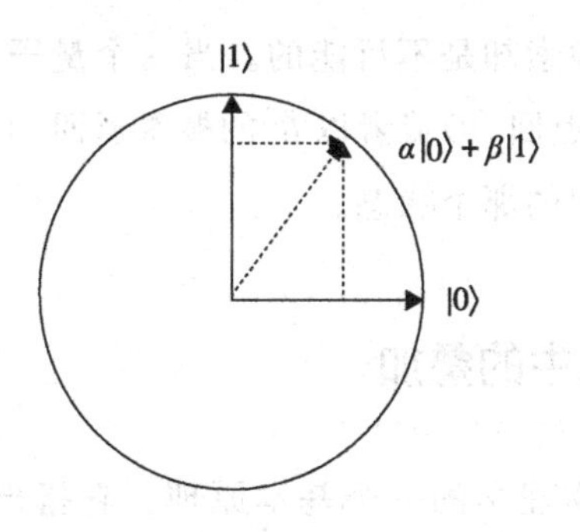

图 4.10　量子位的基态

假设 $\alpha=\frac{1}{\sqrt{2}}$ 和 $\beta=\frac{1}{\sqrt{2}}$ ，由式(4.1)可以推导出另外两种状态，

$$|+\rangle=\frac{1}{\sqrt{2}}|0\rangle+\frac{1}{\sqrt{2}}|1\rangle$$

$$|-\rangle=\frac{1}{\sqrt{2}}|0\rangle-\frac{1}{\sqrt{2}}|1\rangle$$

$|+\rangle$和$|-\rangle$也是计算基。式(4.1)中的基态$|0\rangle$和$|1\rangle$可改写为

$$|0\rangle=\frac{1}{\sqrt{2}}|+\rangle+\frac{1}{\sqrt{2}}|-\rangle$$

$$|1\rangle=\frac{1}{\sqrt{2}}|+\rangle-\frac{1}{\sqrt{2}}|-\rangle$$

因此，式(4.1)中的量子位状态也可以用基$|+\rangle$和$|-\rangle$来表示。

如前所述，经典位只能处于单一态，而量子位不仅能处于两种离散态中的一种，也可以处于这两种离散态的混合态。$|0\rangle$和$|1\rangle$在混合态中的比例不必相等，可以是任意的。只要满足约束条件$|\alpha|^2+|\beta|^2=1$，则$|0\rangle$和$|1\rangle$在一个量子位中可能有无穷多个组合。因此，原则上，在一个量子位上可以存储大量的信息，但是

对这些信息进行检索却是不可能的。当一个量子位的值被测量时，它会以 α^2 的概率返回 $|0\rangle$ 或者以 β^2 的概率返回 $|1\rangle$，然后就认为量子位处于刚刚返回的那个状态。

4.6 量子系统中的叠加

叠加是量子物理学的一个基本原理。它指出，量子系统的所有状态可以叠加，也就是说可以像经典物理学中的波那样结合在一起，产生一个与它的组成态不同的相干量子态。然而，状态一旦被测量就会坍塌为一个随机态。

例如，假设电子是一个自旋向上表示状态 $|0\rangle$，自旋向下表示状态 $|1\rangle$ 的量子位。与经典位在任何时候都只能处于单一态不同，由于亚原子粒子的波动性，这个量子位可以处于向上或向下的状态，也可以处于这两种状态的组合态。叠加的量子位表现为同时处于 $|0\rangle$ 和 $|1\rangle$ 两种状态。这个量子位的新状态 $|\psi\rangle$ 可以写成：

$$|\psi\rangle = \alpha|\uparrow\rangle + \beta|\downarrow\rangle = \alpha|0\rangle + \beta|1\rangle$$

其中 α 和 β 是复数，如前所述，它们被称为概率振幅，满足以下关系，

$$|\alpha|^2 + |\beta|^2 = 1$$

这表明量子位以 $|\alpha|^2$ 的概率处于自旋向上的状态(经典 0 状态)，以 $|\beta|^2$ 的概率处于自旋向下的状态(经典 1 状态)，它也可以处于两者的相干叠加。因此，$|\psi\rangle$ 可被看作二维复向量空间 C^2 中的一个向量，C^2 由两个基态 $|0\rangle$ 和 $|1\rangle$ 张成。换句话说，量子位可以同时处于所有位置。

从上面的讨论可以清楚地看出，量子位相对于经典位的主要优势在于，当一个量子位处于叠加态时，对它的操作可以同时影响它的两个值。然而，当一个处于叠加态的量子位被测量时，它会不可逆地坍塌成0状态或1状态，从而破坏了叠加。之后，如果再次测量量子位，就会得到相同的结果。这意味着无法通过重复测量获得额外的信息。这里应该说明的是，实践中永远无法观察到一个粒子是否同时出现在两个位置，只能通过测量确定位于哪种状态。

4.7　量子寄存器

量子寄存器由若干量子位组成，寄存器的大小由量子位的数量决定。例如，大小为4的量子寄存器可以存储从0到15的单个数字。任何时候，4个量子位可以是16种可能的配置中的任意一种：

$$0000, 0001, 0010, \cdots, 1111$$

因此，4量子位寄存器可以用上述16种状态的叠加来表示：

$$|\psi\rangle = c_0|0000\rangle + c_1|0001\rangle + c_2|0010\rangle + \cdots + c_{14}|1110\rangle + c_{15}|1111\rangle$$

其中c_0，c_1，c_2，…，c_{15}是满足下式的复系数

$$|c_0|^2 + |c_1|^2 + |c_2|^2 + \cdots + |c_{15}|^2 = 1$$

量子系统的一个独特优点是寄存器中量子位数量的线性增长会使得寄存器的状态空间呈指数增长。具有m个量子位的量子寄存器的状态可以表示为复向量空间中的2^m维向量。由于量子寄存器中的每个状态可以同时处于它的所有状态，这使得其具有很强

的并行处理能力，可以在比传统计算机快很多倍的情况下解决某些问题。

参考文献

1. Parag K. Lala, *Principles of Modern Digital Design*, John Wiley and Sons, 2007.
2. Ryan O'Donnell, Lecture 1: Introduction to the Quantum Circuit Model, CMU Quantum Computation. Carnegie-Mellon University, Pittsburgh, Fall 2015.
3. Steven Weinberg, *Dreams of a Final Theory*, Prentice Hall, 1992.

第5章

量子门和量子电路

在量子电路中，门被数学地表示为变换矩阵或线性算子，这里矩阵或算子都必须是酉的。由于任何时候系统波函数的范数都必须等于1，因此这是一个必须的条件。酉变换具有保范性。每个酉变换 U 都有一个逆变换 $U^{-1}=U^{\dagger}$，其中 $U^{\dagger}$是 U 的共轭，因此，量子计算是可逆的。

所有的计算都是通过在单个或多个量子位系统上应用一系列的酉矩阵来进行的。1 个量子位表示为 2×1 的矩阵，2 个量子位表示为 4×1 的矩阵，3 个量子位表示为 8×1 的矩阵。如果一个门作用于一个量子位，那么它就被称为单量子位门，用类似的方式可以定义双量子位门和 3 量子位码。每一个酉算子(U)都由一个 2×2 的矩阵表示，事实上每一个酉算子都是一个有效的单量子位门[1,5]。

5.1 X门

X 门是经典非(NOT)门的量子等效，也就是说，如果 $|k\rangle$是 X

门的输入，那么这个门的输出就是$|k'\rangle$。由于量子位$|0\rangle$和$|1\rangle$的状态分别由列向量

$$\begin{bmatrix}1\\0\end{bmatrix} \quad 和 \quad \begin{bmatrix}0\\1\end{bmatrix}$$

表示，因此有，

$$X|0\rangle=\begin{bmatrix}0 & 1\\1 & 0\end{bmatrix}\begin{bmatrix}1\\0\end{bmatrix}=\begin{bmatrix}0\\1\end{bmatrix}=|1\rangle$$

$$X|1\rangle=\begin{bmatrix}0 & 1\\1 & 0\end{bmatrix}\begin{bmatrix}0\\1\end{bmatrix}=\begin{bmatrix}1\\0\end{bmatrix}=|0\rangle$$

X门也称为比特翻转门，因为它会反转每个输入比特。

X门的矩阵如下所示，与泡利矩阵$\boldsymbol{\sigma}_x$相同，正是这个原因，它被称为X门。

$$X=\begin{bmatrix}0 & 1\\1 & 0\end{bmatrix}$$

假设两个X门串联形成如下图所示的量子电路：

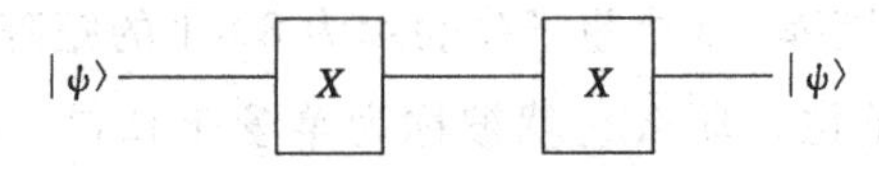

电路中的直线被认为是量子线，表示一个量子位，因此第一个X门的输入被转换成$X|\psi\rangle$，第二个X门作用于$X|\psi\rangle$形成$XX|\psi\rangle$。用X的矩阵表示来替换每个X，得到单位矩阵$\boldsymbol{I}$：

$$X\cdot X=\begin{bmatrix}0 & 1\\1 & 0\end{bmatrix}\begin{bmatrix}0 & 1\\1 & 0\end{bmatrix}=\begin{bmatrix}1 & 0\\0 & 1\end{bmatrix}=\boldsymbol{I}$$

因此，两个非门串联基本上相当于一根量子线，也就是说，什么都没有发生，输出与原始输入相同。

叠加量子位 $\alpha|0\rangle+\beta|1\rangle$ 的状态的矩阵表示为下式

$$\begin{bmatrix}\alpha\\ \beta\end{bmatrix}$$

因此，如果一个叠加的量子位通过 X 门，结果为，

$$\begin{bmatrix}0 & 1\\ 1 & 0\end{bmatrix}\begin{bmatrix}\alpha\\ \beta\end{bmatrix}=\begin{bmatrix}\beta\\ \alpha\end{bmatrix}=\alpha|1\rangle+\beta|0\rangle$$

这里需要指出的是，X 门可以正确地“否定”计算基态 $|0\rangle$ 和 $|1\rangle$，但它无法正确地否定任意叠加态。

5.2　Y 门

Y 门由泡利矩阵 $\boldsymbol{\sigma}_y$ 表示，它把 $|0\rangle$ 映射为 $\mathrm{i}|1\rangle$，把 $|1\rangle$ 映射到 $-\mathrm{i}|0\rangle$。

$$Y=\begin{bmatrix}0 & -\mathrm{i}\\ \mathrm{i} & 0\end{bmatrix}$$

$$Y|0\rangle\begin{bmatrix}0 & -\mathrm{i}\\ \mathrm{i} & 0\end{bmatrix}\begin{bmatrix}1\\ 0\end{bmatrix}=\begin{bmatrix}0\\ \mathrm{i}\end{bmatrix}=\mathrm{i}|1\rangle$$

$$Y|1\rangle\begin{bmatrix}0 & -\mathrm{i}\\ \mathrm{i} & 0\end{bmatrix}\begin{bmatrix}0\\ 1\end{bmatrix}=\begin{bmatrix}-\mathrm{i}\\ 0\end{bmatrix}=-\mathrm{i}|0\rangle$$

因此，矩阵 Y 定义了以下变换：

$$Y(\alpha|0\rangle+\beta|1\rangle)=\alpha Y|0\rangle+\beta Y|1\rangle=\mathrm{i}\alpha|1\rangle-\mathrm{i}\beta|0\rangle$$

5.3　Z 门

Z 门把输入 $|k\rangle$ 映射为

$$(-1)^k|k\rangle$$

因此，对于输入 $|0\rangle$，Z 门的输出不变，还是 $|0\rangle$；对于输入 $|1\rangle$，输出则变为 $-|1\rangle$。

从上面的定义可以看出，Z 门的矩阵可以写成

$$Z=\begin{bmatrix}1 & 0\\0 & -1\end{bmatrix}$$

即与泡利矩阵 $\boldsymbol{\sigma}_z$ 相同。

利用 Z 门的矩阵可以将 $|0\rangle$ 和 $|1\rangle$ 映射为如下所示，

$$Z|0\rangle=\begin{bmatrix}1 & 0\\0 & -1\end{bmatrix}\begin{bmatrix}1\\0\end{bmatrix}=\begin{bmatrix}1\\0\end{bmatrix}=|0\rangle$$

$$Z|1\rangle=\begin{bmatrix}1 & 0\\0 & -1\end{bmatrix}\begin{bmatrix}0\\1\end{bmatrix}=\begin{bmatrix}0\\-1\end{bmatrix}=-|1\rangle$$

因此矩阵 Z 定义了如下变换：

$$Z(\alpha|0\rangle+\beta|1\rangle)=\alpha Z|0\rangle+\beta Z|1\rangle=\alpha|0\rangle-\beta|1\rangle$$

$$\begin{bmatrix}1 & 0\\0 & -1\end{bmatrix}\begin{bmatrix}\alpha\\\beta\end{bmatrix}=\begin{bmatrix}\alpha\\-\beta\end{bmatrix}=\alpha|0\rangle+\beta|1\rangle$$

由于这种特性，该变换有时也被称为是相位翻转。

5.4　$\sqrt{\mathrm{NOT}}$ 门

$\sqrt{\mathrm{NOT}}$ 门（平方根非门）是一个单量子位的门，用来实现如下

表达式：

$$\sqrt{\mathrm{NOT}} \cdot \sqrt{\mathrm{NOT}} = \mathrm{NOT}$$

在经典逻辑运算中没有这样的运算。$\sqrt{\mathrm{NOT}}$门是说明门是如何存在的一个很好的例子，尽管该运算不能用布尔代数来描述。

$\sqrt{\mathrm{NOT}}$门可以表示为以下矩阵：

$$\sqrt{\mathrm{NOT}} = \frac{1}{\sqrt{2}}\begin{bmatrix} 1 & -1 \\ 1 & 1 \end{bmatrix}$$

将$|0\rangle$应用于$\sqrt{\mathrm{NOT}}$门时，输出为

$$\begin{aligned}\sqrt{\mathrm{NOT}}\,|0\rangle &= \frac{1}{\sqrt{2}}\begin{bmatrix} 1 & -1 \\ 1 & 1 \end{bmatrix}\begin{bmatrix} 1 \\ 0 \end{bmatrix} = \frac{1}{\sqrt{2}}\begin{bmatrix} 1 \\ 1 \end{bmatrix} = \frac{1}{\sqrt{2}}\left(\begin{bmatrix} 1 \\ 0 \end{bmatrix} + \begin{bmatrix} 0 \\ 1 \end{bmatrix}\right) \\ &= \frac{1}{\sqrt{2}}(|0\rangle + |1\rangle)\end{aligned}$$

类似地，将$|1\rangle$应用于$\sqrt{\mathrm{NOT}}$门时，输出为

$$\begin{aligned}\sqrt{\mathrm{NOT}}\,|1\rangle &= \frac{1}{\sqrt{2}}\begin{bmatrix} 1 & -1 \\ 1 & 1 \end{bmatrix}\begin{bmatrix} 0 \\ 1 \end{bmatrix} = \frac{1}{\sqrt{2}}\begin{bmatrix} -1 \\ 1 \end{bmatrix} = \frac{1}{\sqrt{2}}\left(\begin{bmatrix} 0 \\ 1 \end{bmatrix} - \begin{bmatrix} 1 \\ 0 \end{bmatrix}\right) \\ &= \frac{1}{\sqrt{2}}(|1\rangle - |0\rangle)\end{aligned}$$

因此，当一个处于状态$|0\rangle$或$|1\rangle$的量子位被应用到$\sqrt{\mathrm{NOT}}$门上时，它使得量子位处于状态$|0\rangle$和$|1\rangle$的相等叠加态。如果将该输出应用到另一个$\sqrt{\mathrm{NOT}}$门，由于第一个$\sqrt{\mathrm{NOT}}$门的未测量输出不能被赋予任何确定的值，所以第二个$\sqrt{\mathrm{NOT}}$门的输入就是状态$|0\rangle$和$|1\rangle$的叠加态。因此，当两个$\sqrt{\mathrm{NOT}}$门串联时，第二个$\sqrt{\mathrm{NOT}}$门的输出可以从$\sqrt{\mathrm{NOT}}\,|0\rangle$和$\sqrt{\mathrm{NOT}}\,|1\rangle$的未测量输出状态推导得出，过程如下。

若第一个 $\sqrt{\text{NOT}}$ 门的输出为 $\frac{1}{\sqrt{2}}(|0\rangle+|1\rangle)$，那么第二个 $\sqrt{\text{NOT}}$ 门的输出是

$$\frac{1}{\sqrt{2}}\begin{bmatrix}1 & -1\\1 & 1\end{bmatrix}\frac{1}{\sqrt{2}}(|0\rangle+|1\rangle)$$

$$=\frac{1}{\sqrt{2}}\begin{bmatrix}1 & -1\\1 & 1\end{bmatrix}\frac{1}{\sqrt{2}}\left(\begin{bmatrix}1\\0\end{bmatrix}+\begin{bmatrix}0\\1\end{bmatrix}\right)$$

$$=\frac{1}{2}\begin{bmatrix}1\\1\end{bmatrix}+\frac{1}{2}\begin{bmatrix}-1\\1\end{bmatrix}$$

$$=\frac{1}{2}\left(\begin{bmatrix}0\\1\end{bmatrix}+\begin{bmatrix}1\\0\end{bmatrix}\right)+\frac{1}{2}\left(\begin{bmatrix}0\\1\end{bmatrix}-\begin{bmatrix}1\\0\end{bmatrix}\right)$$

$$=\begin{bmatrix}0\\1\end{bmatrix}=|1\rangle$$

类似地，若第一个 $\sqrt{\text{NOT}}$ 门的输出为 $\frac{1}{\sqrt{2}}(|1\rangle-|0\rangle)$，那么第二个 $\sqrt{\text{NOT}}$ 门的输出为，

$$\frac{1}{\sqrt{2}}\begin{bmatrix}1 & -1\\1 & 1\end{bmatrix}\frac{1}{\sqrt{2}}(|1\rangle-|0\rangle)$$

$$=\frac{1}{\sqrt{2}}\begin{bmatrix}1 & -1\\1 & 1\end{bmatrix}\frac{1}{\sqrt{2}}\left(\begin{bmatrix}0\\1\end{bmatrix}-\begin{bmatrix}1\\0\end{bmatrix}\right)$$

$$=\frac{1}{2}\begin{bmatrix}-1\\1\end{bmatrix}-\frac{1}{2}\begin{bmatrix}1\\1\end{bmatrix}$$

$$=\frac{1}{2}\left(\begin{bmatrix}0\\1\end{bmatrix}-\begin{bmatrix}1\\0\end{bmatrix}\right)-\frac{1}{2}\left(\begin{bmatrix}0\\1\end{bmatrix}\begin{bmatrix}1\\0\end{bmatrix}\right)$$

$$=\frac{1}{2}\left(\begin{bmatrix}0\\1\end{bmatrix}-\begin{bmatrix}1\\0\end{bmatrix}-\begin{bmatrix}0\\1\end{bmatrix}-\begin{bmatrix}1\\0\end{bmatrix}\right)$$

$$=-\frac{1}{2}\cdot 2\begin{bmatrix}1\\0\end{bmatrix}=-1|0\rangle=-|0\rangle$$

量子非门的工作原理与经典非门完全相同。如果使用两个串联的未知门来实现 NOT 门，那么这两个门可以假定为$\sqrt{\text{NOT}}$门。因此，NOT 门的逻辑运算可以写为

$$\sqrt{\text{NOT}}\cdot\sqrt{\text{NOT}}=\text{NOT}$$

然而，当一个传统的非门与另一个类似的门串联时，没有一个单输入单输出的经典门能再现传统非门的功能。换句话说，$\sqrt{\text{NOT}}$门是真正的非经典门。

5.5　哈达玛门

哈达玛门是一个真正的量子门，是量子计算中最重要的门之一。它与$\sqrt{\text{NOT}}$门有一些相似的特性。不过与$\sqrt{\text{NOT}}$门不同，哈达玛门是自反的。它将输入$|m\rangle$映射为

$$H|m\rangle=\frac{1}{\sqrt{2}}\sum_{k=0,1}(-1)^{mk}|k\rangle$$

$$=\frac{|0\rangle+(-1)^{m}|1\rangle}{\sqrt{2}}$$

假设 m 分别为 0 和 1，哈达玛门对计算基态$|0\rangle$和$|1\rangle$的影响如下：

$$H|0\rangle=H\begin{bmatrix}1\\0\end{bmatrix}=\frac{|0\rangle+(-1)^{0}|1\rangle}{\sqrt{2}}$$

$$= \frac{|0\rangle + |1\rangle}{\sqrt{2}} = |+\rangle$$

$$H|1\rangle = H\begin{bmatrix}0\\1\end{bmatrix} = \frac{|0\rangle + (-1)^m|1\rangle}{\sqrt{2}}$$

$$= \frac{|0\rangle - |1\rangle}{\sqrt{2}} = |-\rangle$$

因此，哈达玛门的矩阵可以定义为

$$H = \frac{1}{\sqrt{2}}\begin{bmatrix}1 & 1\\1 & -1\end{bmatrix}$$

注意，哈达玛门将状态$|0\rangle$和$|1\rangle$转换为$|0\rangle$和$|1\rangle$的叠加态。当测量叠加的量子位时，它处于状态$|0\rangle$和$|1\rangle$的概率相等。

哈达玛门线性作用于叠加态$\alpha|0\rangle+\beta|1\rangle$上：

$$\begin{aligned}H(\alpha|0\rangle + \beta|1\rangle) &= H\alpha|0\rangle + H\beta|1\rangle\\&= \alpha H|0\rangle + \beta H|1\rangle\\&= \alpha\cdot\frac{|0\rangle + |1\rangle}{\sqrt{2}} + \beta\cdot\frac{|0\rangle - |1\rangle}{\sqrt{2}}\\&= \frac{\alpha+\beta}{\sqrt{2}}|0\rangle + \frac{\alpha-\beta}{\sqrt{2}}|1\rangle\end{aligned}$$

大小为n的量子寄存器不仅可以存储单个字符串，还可以同时存储n个量子位的所有可能组合。例如，双量子位寄存器可以随时存储$|01\rangle$或$|10\rangle$：

$$|01\rangle = |0\rangle \otimes |1\rangle$$

$$|11\rangle = |1\rangle \otimes |1\rangle$$

不过双量子位寄存器也可以同时存储两个字符串。通过将第一个量子位设置为$|0\rangle$和$|1\rangle$的叠加，而不仅仅是$|0\rangle$和$|1\rangle$，就可以同时存储两个字符串。这可以通过将量子位应用于哈达玛门来实现：

$$\left(\frac{1}{\sqrt{2}}|0\rangle+|1\rangle\right)\otimes|1\rangle$$
$$=\frac{1}{\sqrt{2}}|01\rangle+|11\rangle$$

可以将其扩展到大小为 n 的量子寄存器中的所有量子位，首先在状态 $|0\rangle$ 下准备每个量子位，然后将哈达玛门并行地应用于每个量子位，如图 5.1 所示。寄存器最终的状态是一个包含 2^n 个分量态的 n 量子位的叠加，这些状态是与 n 个量子位对应的所有可能的位串。

$$H|0\rangle\otimes H|0\rangle\otimes\cdots\otimes H|0\rangle=\frac{1}{\sqrt{2^n}}\sum_{k=0}^{2^{n-1}}|k\rangle$$

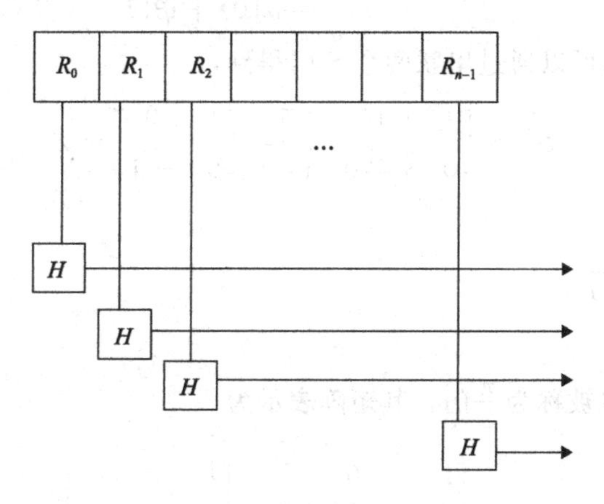

图 5.1　生成与 n 个量子位相对应的所有可能的位串

5.6　相位门

相位门将状态 $|0\rangle$ 变换为 $|0\rangle$，将 $|1\rangle$ 变换为 $\mathrm{i}|1\rangle$。该门由下面

的矩阵表示：

$$S=\begin{bmatrix}1&0\\0&\mathrm{i}\end{bmatrix}$$

使用 S 门的矩阵对 $|0\rangle$ 和 $|1\rangle$ 进行映射，如下所示：

$$S|0\rangle=\begin{bmatrix}1&0\\0&\mathrm{i}\end{bmatrix}\begin{bmatrix}1\\0\end{bmatrix}=\begin{bmatrix}1\\0\end{bmatrix}=|0\rangle$$

$$S|1\rangle=\begin{bmatrix}1&0\\0&\mathrm{i}\end{bmatrix}\begin{bmatrix}0\\1\end{bmatrix}=\begin{bmatrix}0\\\mathrm{i}\end{bmatrix}=\mathrm{i}|1\rangle$$

因此，矩阵 S 定义了变换

$$\begin{aligned}S(\alpha|0\rangle+\beta|1\rangle)&=\alpha S|0\rangle+\beta S|1\rangle\\&=\alpha|0\rangle+\mathrm{i}\beta|1\rangle\end{aligned}$$

注意，Z 门可以通过串联两个 S 门得到，

$$S^2=\begin{bmatrix}1&0\\0&\mathrm{i}\end{bmatrix}\begin{bmatrix}1&0\\0&\mathrm{i}\end{bmatrix}=\begin{bmatrix}1&0\\0&-1\end{bmatrix}=Z$$

5.7 T 门

T 门也被称为 $\frac{\pi}{8}$ 门，其矩阵表示为

$$T=\begin{bmatrix}1&0\\0&\exp\left(\frac{\mathrm{i}\pi}{4}\right)\end{bmatrix}=\begin{bmatrix}1&0\\0&\frac{(1+\mathrm{i})}{\sqrt{2}}\end{bmatrix}$$

注意，S 门可以通过串联两个 T 门得到，

$$T^2=\begin{bmatrix}1&0\\0&\frac{(1+\mathrm{i})}{\sqrt{2}}\end{bmatrix}\begin{bmatrix}1&0\\0&\frac{(1+\mathrm{i})}{\sqrt{2}}\end{bmatrix}=\begin{bmatrix}1&0\\0&\mathrm{i}\end{bmatrix}=S$$

5.8 可逆逻辑

能量损耗是利用经典门设计的数字电路的主要问题。在经典门电路中，信息损失导致能量消耗。兰道尔[2]指出每一位信息的丢失都会导致至少

$$kT\log(2)$$

的能量以热的形式释放出来，其中 k 是玻尔兹曼常数，T 是进行计算时的温度。尽管这是一个微不足道的热量，但它在任何主要的计算系统中都会变得非常重要。因为在这些系统中，每秒都要执行数百万次运算，因此电路会在很短的时间内变得很热。通过用可逆门代替经典门，可以避免信息的丢失和由此产生的热量。

在可逆门中，可以明确地从门的输出确定门的输入位。经典门是*不可逆的*，这种门中所有可能的输入组合最终被映射到两个可能的输出 0 和 1 中的一个。例如，在两输入与门中，可能的输入组合是 00、01、10 和 11。组合 00、01 和 10 映射到输出 0，只有组合 11 输出为 1。因此，当与门输出为 0 时，输入可能是三种可能 00、01 和 10 中的一种，不可能推断出实际输入到底是哪一个组合。由于在与门中不能从输出确定输入的完整信息，所以与门的运算是不可逆的。同样，在所有的经典门中，都不能从输出值确定输入值。非门是一个例外。一种简单的解释为，在经典门(如两输入的与门、或门、与非门、或非门)中，2 位输入映射到 1 位输出，每一次运算都会丢失 1 位信息，而且不可能恢复。因此，经典门是不可逆的。可逆门不会丢失信息，因此，可逆门必须有完全相同的输入和输出数量，这样才能允许从输出值唯一地确定输

入值，反之亦然。这就是为什么单输入单输出的非门是可逆的。班尼特[3]证明任何计算系统都可以通过将系统中的每一个经典门替换为它的可逆等价门来实现可逆。一个非常有用的用于量子计算电路的可逆门是双输入/双输出的可控非门(CNOT 门)。

5.9 CNOT 门

CNOT 门(可控非门)基本上实现了可逆的异或门(EX-OR)，可以用来产生纠缠。CNOT 门的图形化表示如图 5.2 所示，控制输入和目标输入用两条水平线表示。输出 y 对控制输入 a 的依赖关系由 a 到异或门的一个输入点的垂直线表示，门的另一个输入由目标输入 b 驱动。表 5.1 所示为 CNOT 门的真值表。

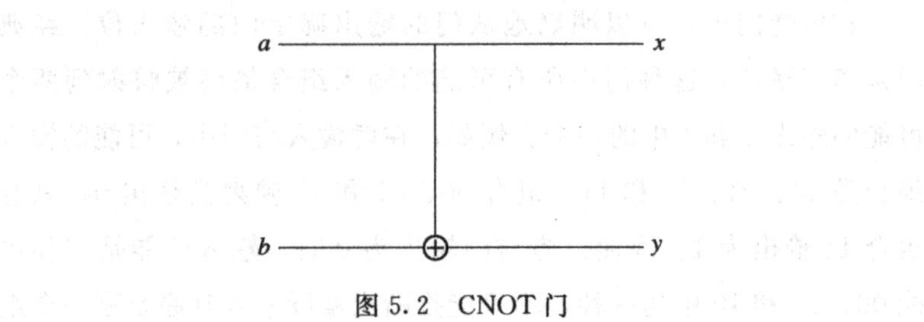

图 5.2 CNOT 门

表 5.1 CNOT 门的真值表

a	b	x	y
0	0	0	0
0	1	0	1
1	0	1	1
1	1	1	0

通常称输入 a 为源，输入 b 为目标。输出 $x=a$，即 x 取源 s 的值。源也被称为控制输入，它控制目标输入上的非门运算。输出 $y=a\oplus b$，当源为 1 时，y 是目标 b 的逆，否则 $y=b$。换句话说，y 是否得到与目标输入 b 相反的值由源 a 控制。因此 CNOT 门被称为可控非门。从真值表可以看出，CNOT 门的输入可以由输出唯一确定，从而验证门的可逆性，矩阵表示为

$$\begin{array}{c c} & \begin{array}{cccc} 00 & 01 & 10 & 11 \end{array} \\ \begin{array}{c} 00 \\ 01 \\ 10 \\ 11 \end{array} & \begin{bmatrix} 1 & 0 & 0 & 0 \\ 0 & 1 & 0 & 0 \\ 0 & 0 & 0 & 1 \\ 0 & 0 & 1 & 0 \end{bmatrix} \end{array}$$

如前所述，如果目标量子位是 $|0\rangle$，而控制量子位是 $|0\rangle$ 或 $|1\rangle$，那么目标量子位获取控制量子位的值，即成为控制量子位的副本，但控制量子位本身不变。不过，控制量子位的叠加会导致控制量子位与目标量子位的纠缠。举例来说，假设控制输入为 $|1\rangle$，目标输入为 $|0\rangle$。那么控制输入和目标输入的组合状态为

$$\frac{1}{\sqrt{2}}(|1\rangle+|0\rangle)|0\rangle$$

$$=\frac{1}{\sqrt{2}}(|10\rangle+|00\rangle)$$

因此，组合的输入状态为状态 $|10\rangle$ 和 $|00\rangle$ 的叠加。不过当 CNOT 门的控制输入是 $|0\rangle$ 和 $|1\rangle$ 的叠加态 $\alpha|1\rangle+\beta|0\rangle$，目标量子位为 $|0\rangle$ 时，门的输出则是一个纠缠态，是两个单独的输入 $\frac{1}{\sqrt{2}}|10\rangle$ 和 $\frac{1}{\sqrt{2}}|00\rangle$ 对应的输出态的叠加。因此，CNOT 门的

组合输出状态为

$$\frac{1}{\sqrt{2}}|10\rangle+\frac{1}{\sqrt{2}}|00\rangle$$

因为对于 CNOT 门有

$$|00\rangle \to |00\rangle, \quad |10\rangle \to |11\rangle$$

所以组合输出状态为

$$\frac{1}{\sqrt{2}}|11\rangle+\frac{1}{\sqrt{2}}|00\rangle$$

注意，与组合输入状态不同，这个输出状态不能当成两个单一状态的乘积分开。换句话说，输出状态是纠缠的。

5.10 可控 U 门

CNOT 门可以扩展为基于单个控制量子位在两个量子位上进行运算。假设 U 是一个可以用酉矩阵表示的单量子位门：

$$U=\begin{bmatrix} u_{00} & u_{01} \\ u_{10} & u_{11} \end{bmatrix}$$

那么可控 U 门可以对两个量子位进行操作，第一个量子位作为控制。图 5.3 所示为该门的原理图。

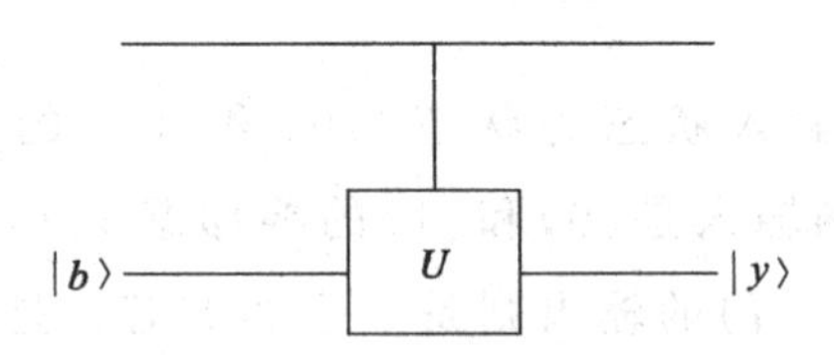

图 5.3　可控 U 门

与控制位 $a=|0\rangle$ 或 $|1\rangle$ 对应的门的输出分别如图 5.4a 和图 5.4b 所示。

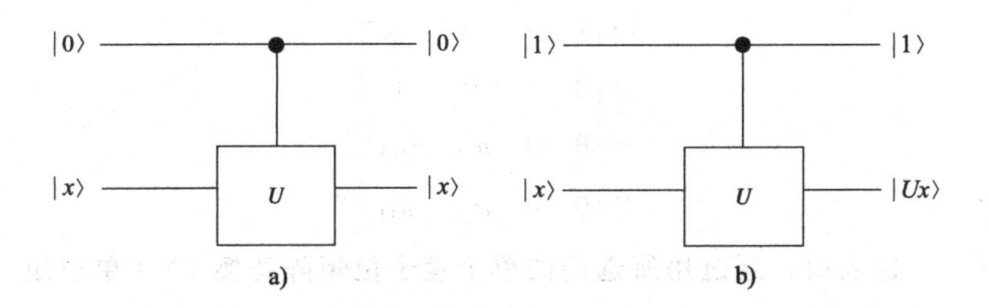

图 5.4　a) $|0x\rangle \to |0x\rangle$, b) $|1x\rangle \to |1, Ux\rangle$

因此，该门的输入－输出映射可以表示为

a	b	x	y
$\|0\rangle$	$\|0\rangle$	$\|0\rangle$	$\|0\rangle$
$\|0\rangle$	$\|1\rangle$	$\|0\rangle$	$\|1\rangle$
$\|1\rangle$	$\|0\rangle$	$\|1\rangle$	$\|1, U\rangle\|0\rangle$
$\|1\rangle$	$\|1\rangle$	$\|1\rangle$	$\|1, U\rangle\|1\rangle$

由于

$$U\rangle|0\rangle=\begin{bmatrix}u_{00} & u_{01}\\ u_{10} & u_{11}\end{bmatrix}\begin{bmatrix}1\\0\end{bmatrix}=\begin{bmatrix}u_{00}\\u_{10}\end{bmatrix}$$

$$=(u_{00}|0\rangle+u_{10}|1\rangle)$$

所以

$$|1\rangle|U\rangle|0\rangle=|1\rangle(u_{00}|0\rangle+u_{10}|1\rangle)$$

类似地，有

$$|U\rangle|1\rangle=\begin{bmatrix}u_{01}\\u_{11}\end{bmatrix}=(u_{01}|0\rangle+u_{11}|1\rangle)$$

$$|1\rangle|U\rangle|1\rangle = |1\rangle(u_{01}|0\rangle + u_{11}|1\rangle)$$

因此，表示可控 U 门的矩阵可以写为

$$\begin{array}{c} \\ 00 \\ 01 \\ 10 \\ 11 \end{array}\begin{array}{c} \begin{array}{cccc} 00 & 01 & 10 & 11 \end{array} \\ \begin{bmatrix} 1 & 0 & 0 & 0 \\ 0 & 1 & 0 & 0 \\ 0 & 0 & u_{00} & u_{01} \\ 0 & 0 & u_{10} & u_{11} \end{bmatrix} \end{array}$$

这表明，通过用所选门的单个量子位矩阵替换 4×4 单位矩阵右下角的 2×2 子矩阵，可以得到 U 门矩阵的可控形式。如果矩阵 U 为泡利 X 矩阵、泡利 Y 矩阵或泡利 Z 矩阵，则产生的可控门分别为可控 X 门、可控 Y 门和可控 Z 门，如图 5.5 所示[4]。

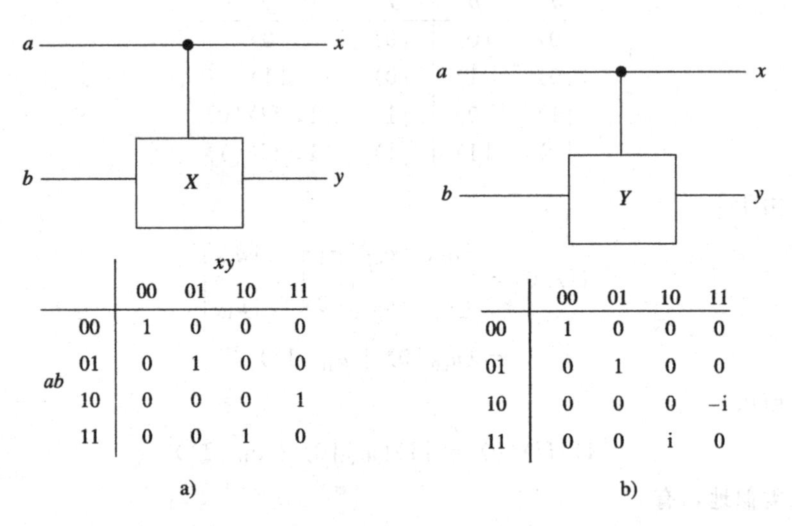

ab \ xy	00	01	10	11
00	1	0	0	0
01	0	1	0	0
10	0	0	0	1
11	0	0	1	0

a)

	00	01	10	11
00	1	0	0	0
01	0	1	0	0
10	0	0	0	–i
11	0	0	i	0

b)

图 5.5　可控 U 门。a)可控 X 门，b)可控 Y 门，c)可控 Z 门

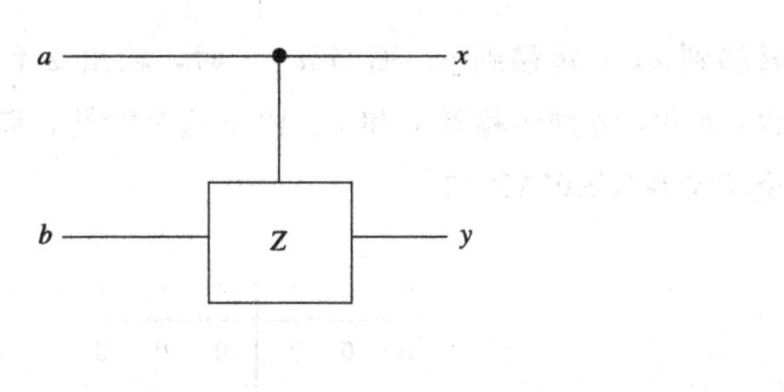

	00	01	10	11
00	1	0	0	0
01	0	1	0	0
10	0	0	1	0
11	0	0	0	–1

c)

图 5.5 （续）

5.11　可逆门

兰道尔[2]证明了三输入三输出可逆逻辑门对于经典的可逆计算是非常有用的。弗雷德金门和托佛利门就是两个这样的门，它们已经被证明是不可逆计算的通用门。通用门允许构建与任意布尔函数对应的电路。与非门和与或门都是经典数字电路设计中的通用门。弗雷德金门和托佛利门已经被证明是与非门。

5.11.1　弗雷德金门

与之前讨论的量子门不同，弗雷德金门(受控交换门)是一个三输入门。从图 5.6 所示的门的真值表可以看出，当 $a=0$ 时，b

转移到 x，c 转移到 y；而当 $a=1$ 时，输出 x 和 y 交换，也就是说，b 和 c 分别转移到 y 和 x。由于这个特性，弗雷德金门也称为受控交换(CSWAP)门。

a	b	c	w	x	y
0	0	0	0	0	0
0	0	1	0	0	1
0	1	0	0	1	0
0	1	1	0	1	1
1	0	0	1	0	0
1	0	1	1	1	0
1	1	0	1	0	1
1	1	1	1	1	1

图 5.6　弗雷德金门的真值表

从输入到输出的映射为

$$\begin{bmatrix} 000 \\ 001 \\ 010 \\ 011 \\ 100 \\ 101 \\ 110 \\ 111 \end{bmatrix} \rightarrow \begin{bmatrix} 000 \\ 001 \\ 010 \\ 011 \\ 100 \\ 110 \\ 101 \\ 111 \end{bmatrix}$$

因此，这个门的矩阵表示为

$$
\begin{array}{c} \\ 000 \\ 001 \\ 010 \\ 011 \\ 100 \\ 101 \\ 110 \\ 111 \end{array}
\begin{array}{c}
\begin{array}{cccccccc} 000 & 001 & 010 & 011 & 100 & 101 & 110 & 111 \end{array} \\
\begin{bmatrix}
1 & 0 & 0 & 0 & 0 & 0 & 0 & 0 \\
0 & 1 & 0 & 0 & 0 & 0 & 0 & 0 \\
0 & 0 & 1 & 0 & 0 & 0 & 0 & 0 \\
0 & 0 & 0 & 1 & 0 & 0 & 0 & 0 \\
0 & 0 & 0 & 0 & 1 & 0 & 0 & 0 \\
0 & 0 & 0 & 0 & 0 & 0 & 1 & 0 \\
0 & 0 & 0 & 0 & 0 & 1 & 0 & 0 \\
0 & 0 & 0 & 0 & 0 & 0 & 0 & 1
\end{bmatrix}
\end{array}
$$

图 5.7 所示为弗雷德金门的结构。从图中可以看出，

$$w = a$$
$$x = a'b \oplus ac$$
$$y = a'c \oplus ab$$

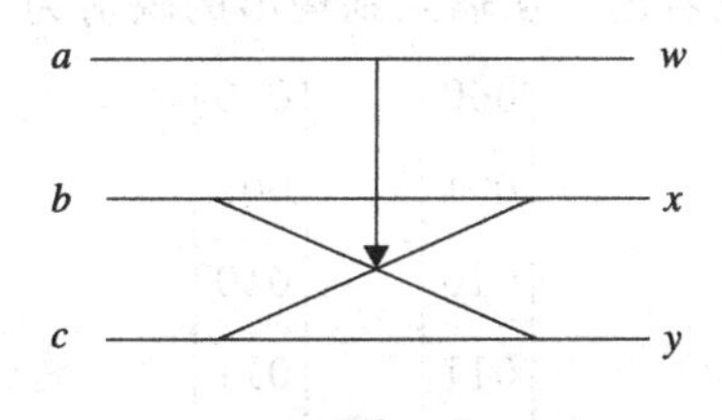

图 5.7　弗雷德金门

这个门既通用又保守。在保守门中，0 和 1 的数量保持不变，因为信号从门的输入端传到输出端。

5.11.2　托佛利门

托佛利门也被称为控-控-非(CCNOT)门。它有三个输入，当

前两个量子位都是 1 时，第三个量子位会发生翻转，除此之外，输出与输入保持一致。图 5.8 所示为托佛利门的真值表。

a	b	c	w	x	y
0	0	0	0	0	0
0	0	1	0	0	1
0	1	0	0	1	0
0	1	1	0	1	1
1	0	0	1	0	0
1	0	1	1	0	1
1	1	0	1	1	1
1	1	1	1	1	0

图 5.8　托佛利门的真值表

从真值表可以看出，从输入到输出的映射为

$$\begin{bmatrix}000\\001\\010\\011\\100\\101\\110\\111\end{bmatrix} \rightarrow \begin{bmatrix}000\\001\\010\\011\\100\\101\\111\\110\end{bmatrix}$$

因此，托佛利门的矩阵表示如图 5.9 所示。

	000	001	010	011	100	101	110	111
000	1	0	0	0	0	0	0	0
001	0	1	0	0	0	0	0	0
010	0	0	1	0	0	0	0	0
011	0	0	0	1	0	0	0	0
100	0	0	0	0	1	0	0	0
101	0	0	0	0	0	1	0	0
110	0	0	0	0	0	0	0	1
111	0	0	0	0	0	0	1	0

图 5.9　托佛利门的矩阵表示

图 5.10 所示为托佛利门的结构示意图，可以看出，

$$w = a$$

$$x = b$$

$$y = ab \oplus c$$

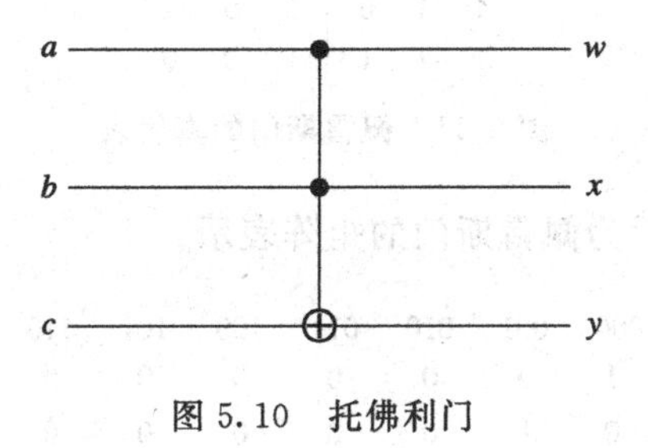

图 5.10　托佛利门

5.11.3　佩雷斯门

佩雷斯门是托佛利门的改型。图 5.11 所示为佩雷斯门的真值表。从真值表可以看出，从输入到输出的映射为

$$\begin{bmatrix}000\\001\\010\\011\\100\\101\\110\\111\end{bmatrix} \rightarrow \begin{bmatrix}000\\001\\010\\011\\110\\111\\101\\100\end{bmatrix}$$

a	*b*	*c*	*w*	*x*	*y*
0	0	0	0	0	0
0	0	1	0	0	1
0	1	0	0	1	0
0	1	1	0	1	1
1	0	0	1	1	0
1	0	1	1	1	1
1	1	0	1	0	1
1	1	1	1	0	0

图 5.11　佩雷斯门的真值表

图 5.12 所示为佩雷斯门的矩阵表示。

	000	001	010	011	100	101	110	111
000	1	0	0	0	0	0	0	0
001	0	1	0	0	0	0	0	0
010	0	0	1	0	0	0	0	0
011	0	0	0	1	0	0	0	0
100	0	0	0	0	0	0	1	0
101	0	0	0	0	0	0	0	1
110	0	0	0	0	0	1	0	0
111	0	0	0	0	1	0	0	0

图 5.12　佩雷斯门的矩阵表示

佩雷斯门的结构如图 5.13 所示，可以看出，

$$w = a$$

$$x = a \oplus b$$

$$y = ab \oplus c$$

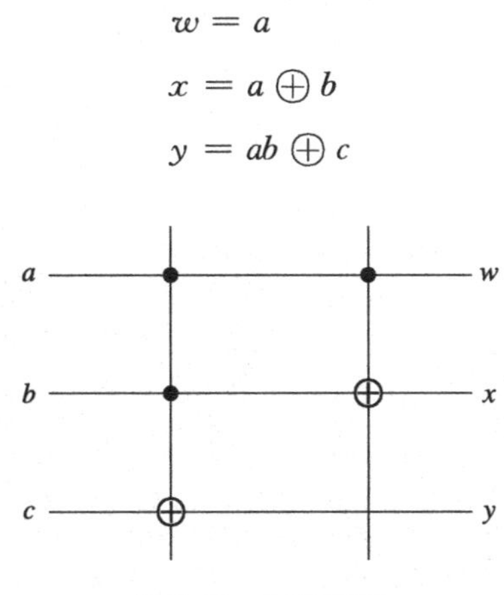

图 5.13　佩雷斯门

参考文献

1. Michael Nielsen and Issac Chuang, *Quantum Computation and Quantum Information*, Cambridge University Press, 2000.
2. R. Landauer, Irreversibility and Heat Generation in the Computational Process, *IBM J.Res.& Dev.*, **5**, 183–191, 1961.
3. C. H. Bennett, Logical Reversibility of Computation, *IBM J.Res.& Dev.* **30**, 525–532, 1973.
4. Quantum logic gate, Root edit on August 1, 2018. https://en.wikipedia.org/wiki/Quantum_logic_gate#Controlled_(cX_cY_cZ)_gates.
5. David McMohan, *Quantum Computing Explained*, Wiley Interscience, 2008.

第6章

张量积、叠加和量子纠缠

量子计算利用了量子力学的两个主要特性：叠加与纠缠。如前所述，叠加是指一个量子系统可以同时存在于多个状态或位置的量子现象。纠缠则是两个或多个量子粒子之间存在的一种极强的关联。这些粒子紧密地联系在一起，即使相隔很远，它们的状态也能在瞬间完全一致地改变。这看起来几乎不可能，但它却是量子世界的基础。为了理解叠加和纠缠的概念，需要一些张量积的知识。

6.1 张量积

单个量子位的状态可以表示为二维向量空间 C^2 中的单位(列)向量。然而，量子信息处理系统一般使用多个量子位。这种系统的联合状态只能用一个考虑了量子位间相互作用的新的向量空间来描述。这个向量空间就是由一个称为张量积的特殊运算生成的。张量积用⊗表示，联合单个量子位较小的向量空间，形成一个更大的空间，更大的向量空间中的元素被定义为张量。张量积也称为克罗内克积或直积[1,2]。

比如，两个二维向量 $\boldsymbol{U}=\begin{bmatrix}x_1\\y_1\end{bmatrix}$ 和 $\boldsymbol{V}=\begin{bmatrix}x_2\\y_2\end{bmatrix}$ 的张量积如下所示，

$$\boldsymbol{U}\otimes\boldsymbol{V}=\begin{bmatrix}x_1\\y_1\end{bmatrix}\otimes\begin{bmatrix}x_2\\y_2\end{bmatrix}=\begin{bmatrix}x_1\begin{bmatrix}x_2\\y_2\end{bmatrix}\\y_1\begin{bmatrix}x_2\\y_2\end{bmatrix}\end{bmatrix}=\begin{bmatrix}x_1x_2\\x_1y_2\\y_1x_2\\y_1y_2\end{bmatrix}$$

在第 1 章中已经说明，单量子位状态 $|0\rangle$ 和 $|1\rangle$ 的向量表示为 $|0\rangle=\begin{bmatrix}1\\0\end{bmatrix}$ 和 $|1\rangle=\begin{bmatrix}1\\0\end{bmatrix}$，利用这些向量表示以及张量积的定义，双量子位的基态可以表示为

$$|00\rangle=\begin{bmatrix}1\\0\\0\\0\end{bmatrix},\ |01\rangle=\begin{bmatrix}0\\1\\0\\0\end{bmatrix},\ |10\rangle=\begin{bmatrix}0\\0\\1\\0\end{bmatrix},\ |11\rangle=\begin{bmatrix}0\\0\\0\\1\end{bmatrix}$$

通常，如果 $\boldsymbol{U}$ 是一个以 $\{g_0, \cdots, g_{m-1}\}$ 为基底的 m 维向量空间，$\boldsymbol{V}$ 是一个以 $\{h_0, \cdots, h_{n-1}\}$ 为基底的 n 维向量空间，则张量积

$\boldsymbol{U}\otimes\boldsymbol{V}$ 是一个 mn 维的向量空间，该空间由 $g\otimes h$ 形式的元素张成，每个基向量的系数由 u_iv_j 给出[2]：

$$\begin{aligned}\boldsymbol{U}\otimes\boldsymbol{V} &= \sum_{i=0}^{m-1}u_ig_i\otimes\sum_{j=0}^{n-1}v_jh_j \\ &= \sum_{i=0}^{m-1}u_i\sum_{j=0}^{n-1}v_j(g_i\otimes h_j)\end{aligned}$$

假设 $\boldsymbol{U}$ 和 $\boldsymbol{V}$ 是二维的，即 $m=n=2$，则有

$$\begin{aligned}\boldsymbol{U}\otimes\boldsymbol{V} &= \sum_{i=0}^{1}u_ig_i\otimes\sum_{j=0}^{1}v_jh_j \\ &= (u_0g_0+u_1g_1)\otimes(v_0h_0+v_1h_1) \\ &= u_0v_0(g_0\otimes h_0)+u_0v_1(g_0\otimes h_1) \\ &\quad +u_1v_0(g_1\otimes h_0)+u_1v_1(g_1\otimes h_1)\end{aligned}$$

由这两个二维向量 $\boldsymbol{U}$ 和 $\boldsymbol{V}$ 的张量积生成的新的向量空间是四维的，新的基向量为

$$(u_0v_0,\ u_0v_1,\ u_1v_0,\ u_1v_1)$$

该向量如下所示，是一个四维列向量：

$$\boldsymbol{U}\otimes\boldsymbol{V}=\begin{bmatrix}u_0v_0\\u_0v_1\\u_1v_0\\u_1v_1\end{bmatrix}$$

例如，如果 $\boldsymbol{V}$ 是一个有两个基向量 $|\boldsymbol{u}\rangle$ 和 $|\boldsymbol{v}\rangle$ 的向量空间，这两个基向量对应于两个量子位，那么量子位的联合态为

$$|\boldsymbol{u}\rangle\otimes|\boldsymbol{v}\rangle$$

该联合态是 $\boldsymbol{U}\otimes\boldsymbol{V}$ 的一个元素。

张量积的基本性质包括：

1. 如果 A 和 B 分别是 m 和 n 维向量上的算子，则 $A\otimes B$ 是 $n\times m$ 维向量上的算子。

2. 任意标量 s 与张量积 $A\otimes B$ 的乘积为

$$s(A \otimes B) = (sA) \otimes B = A \otimes (sB)$$

3. $(A\otimes B)^* = (A^* \otimes B^*)$(对逆和转置也有类似性质)。

4. 如果 $\boldsymbol{A}$ 是一个 $m\times n$ 的矩阵，$\boldsymbol{B}$ 是一个 $p\times q$ 的矩阵，则它们的张量积为一个 $mp\times nq$ 的矩阵。

5. 如果 $\boldsymbol{A}$、$\boldsymbol{B}$、$\boldsymbol{C}$ 和 $\boldsymbol{D}$ 都为矩阵，则

a. $\boldsymbol{A}\otimes(\boldsymbol{B}+\boldsymbol{C})=(\boldsymbol{A}\otimes\boldsymbol{B})+(\boldsymbol{A}\otimes\boldsymbol{C})$

b. $\boldsymbol{A}\otimes(\boldsymbol{B}\otimes\boldsymbol{C})=(\boldsymbol{A}\otimes\boldsymbol{B})\otimes\boldsymbol{C}$

即张量积的推导与取值顺序无关，满足结合律。

c. $(\boldsymbol{A}\otimes\boldsymbol{B})(\boldsymbol{C}\otimes\boldsymbol{D})=(\boldsymbol{AC})\otimes(\boldsymbol{BD})$

即分配律成立。

6. 如果 $\boldsymbol{A}$ 和 $\boldsymbol{B}$ 为矩阵，$\boldsymbol{U}$、$\boldsymbol{V}$ 和 $\boldsymbol{W}$ 为向量，则有

$$(\boldsymbol{A} \otimes \boldsymbol{B})(\boldsymbol{U} \otimes \boldsymbol{W}) = \boldsymbol{AU} \otimes \boldsymbol{BW}$$

$$(\boldsymbol{U} + \boldsymbol{V}) \otimes \boldsymbol{W} = \boldsymbol{U} \otimes \boldsymbol{W} + \boldsymbol{V} \otimes \boldsymbol{W}$$

$$\boldsymbol{U} \otimes (\boldsymbol{V} + \boldsymbol{W}) = \boldsymbol{U} \otimes \boldsymbol{V} + \boldsymbol{U} \otimes \boldsymbol{W}$$

7. 如果 s 和 t 是标量，$\boldsymbol{U}$ 和 $\boldsymbol{V}$ 是向量，则有

$$s\boldsymbol{U} \otimes t\boldsymbol{V} = st(\boldsymbol{U} \otimes \boldsymbol{V})$$

6.2 多量子位系统

多量子位量子系统可以由多个已知的量子子系统构成。基于单量子位的子系统通常是用它的状态来描述的，这里状态被定义为在某个复希尔伯特空间中的单位向量。描述多量子位系统的数

学框架利用了向量空间张量积的概念。该系统的第 i 个组成部分的状态空间由一个可分离的希尔伯特空间 H_i 给出。每个希尔伯特空间 H_i 都有一个标准正交基：

$$\{|i,\ k_i\rangle k_i = 1,\ 2,\ \cdots\},\ i = 1,\ 2,\ \cdots,\ n$$

那么多量子位系统的状态空间就是由下式定义的张量积空间 H：

$$H = H_1 \otimes H_2 \otimes \cdots \otimes H_n$$

多量子位系统的基态是由单量子位的基态利用向量的张量积构造而成的。假设两个向量 $\boldsymbol{u}$ 和 $\boldsymbol{v}$ 分别是 m 维和 n 维的，那么它们的张量积就是 $m \times n$ 维的。由于在单量子位系统中 $m=2=n$，因此一个双量子位系统有四个基态。这四个基态是由单量子位的基 $|0\rangle$ 和 $|1\rangle$ 使用如下规则构造的：

$$|\boldsymbol{u}\rangle \otimes |\boldsymbol{v}\rangle = |\boldsymbol{u}\rangle |\boldsymbol{v}\rangle = |\boldsymbol{uv}\rangle$$

其中 $\boldsymbol{u}$，$\boldsymbol{v} \in \{0,\ 1\}$。

例如，如果两个量子位的状态是

$$|\psi_1\rangle = \alpha_0 |0\rangle + \alpha_1 |1\rangle,\quad |\psi_2\rangle = \beta_0 |0\rangle + \beta_1 |1\rangle$$

那么复合系统的状态为

$$\begin{aligned} |\psi\rangle &= |\psi_1\rangle \otimes |\psi_2\rangle \\ &= (\alpha_0 |0\rangle + \alpha_1 |1\rangle) \otimes (\beta_0 |0\rangle + \beta_1 |1\rangle) \end{aligned}$$

使用规则

$$|\boldsymbol{u}\rangle \otimes |\boldsymbol{v}\rangle = |\boldsymbol{u}\rangle |\boldsymbol{v}\rangle = |\boldsymbol{uv}\rangle,\quad \boldsymbol{u},\ \boldsymbol{v} = 0,\ 1$$

$|\psi\rangle$ 可以写成

$$\begin{aligned} |\psi\rangle = &\alpha_0\beta_0 |0\rangle |0\rangle + \alpha_0\beta_1 |0\rangle |1\rangle + \alpha_1\beta_0 |1\rangle |0\rangle \\ &+ \alpha_1\beta_1 |1\rangle |1\rangle \end{aligned} \tag{6.1}$$

因此一个双量子位系统有四个基态：

$$|0\rangle \otimes |0\rangle,\ |0\rangle \otimes |1\rangle,\ |1\rangle \otimes |0\rangle,\ |1\rangle \otimes |1\rangle$$

例如，双量子位系统的第一个基态为

$$|0\rangle \otimes |0\rangle$$

它表示第一个量子位处于$|0\rangle$态，第二个量子位也处于$|0\rangle$态。同样，基态$|0\rangle\otimes|1\rangle$表示第一个量子位处于$|0\rangle$态，第二个量子位处于$|1\rangle$态。

使用规则

$$|\boldsymbol{u}\rangle \otimes |\boldsymbol{v}\rangle = |\boldsymbol{u}\rangle|\boldsymbol{v}\rangle = |\boldsymbol{uv}\rangle, \quad (\boldsymbol{u}, \boldsymbol{v}) \in (0, 1)$$

可以将式(6.1)重写为

$$|\psi\rangle = \alpha_0\beta_0|0\rangle|0\rangle + \alpha_0\beta_1|0\rangle|1\rangle + \alpha_1\beta_0|1\rangle|0\rangle + \alpha_1\beta_1|1\rangle|1\rangle$$

或者是

$$|\psi\rangle = \alpha_0\beta_0|00\rangle + \alpha_0\beta_1|01\rangle + \alpha_1\beta_0|10\rangle + \alpha_1\beta_1|11\rangle$$

然而需要注意的是，每一个双量子位基态不能被分离成两个单量子位基态。通常，双量子位系统的状态具有如下形式：

$$|\psi\rangle = c_0|00\rangle + c_1|01\rangle + c_2|10\rangle + c_3|11\rangle$$

其中

$$|c_0|^2 + |c_1|^2 + |c_2|^2 + |c_3|^2 = 1$$

如前所述，一个包含n个量子位的集合被称为大小为n的量子寄存器。一个n量子位的寄存器有2^n个基态，每个基态都是$c_0\otimes c_1\otimes\cdots\otimes c_{n-1}$，$c_i\in\{0, 1\}$形式。基态可以用一个从0到$2^{n-1}$的数字表示。例如，大小为4的量子寄存器中的状态1001可以表示为$|9\rangle_4$。

一个有n个量子位的量子寄存器可以是2^n个基态的任意叠加：

$$c_0|0\rangle + c_1|1\rangle + c_2|2\rangle + \cdots + c_2^{n-1}|2^{n-1}\rangle$$

但是，不可能在叠加态中检索基态，因为这会导致叠加态坍塌，并且只能以$|c_j|^2$的概率生成一个初始状态$|j\rangle$。

6.3 叠加

第 4 章介绍了叠加原理。一个具有 k 个可区分状态的量子系统，一定程度上可以以两个或多个互斥状态存在，也可以是这些复系数状态的线性叠加。反过来，两个或多个状态可以叠加生成新的状态。在测量之后，系统坍塌回形成叠加的基态之一，从而破坏了原有配置。

举例来说，假设有一个由两个氢原子组成的系统。由于氢原子中的电子既可以处于基态也可以处于激发态，所以可以将电子看作一个双态量子系统。那么由两个氢原子组成的系统中的电子就构成了一个具有四种状态的系统，这四种状态为 00、01、10 和 11，该系统可以处于任意四种状态之一。

但是，与经典位在任何时候都只能处于单一状态不同，由于亚原子粒子的波动性，量子位不仅可以处于两种离散态中的一种，而且还可以同时存在于多个态中。这就是*叠加原理*的本质。该原理指出，如果 s_1 和 s_2 是两个不同的物理状态，那么 s_1 和 s_2 的复合线性叠加(如下所示)也是系统的一个量子态：

$$\frac{1}{\sqrt{2}}|s_1\rangle+\frac{1}{\sqrt{2}}|s_2\rangle$$

下式同样是一个合法的量子态：

$$\frac{1}{\sqrt{2}}|s_1\rangle-\frac{1}{\sqrt{2}}|s_2\rangle$$

因此，根据叠加原理，两个电子的系统的量子态可以是这四种状态的任意线性组合：

$$|\psi\rangle = \alpha_{00}|0\rangle|0\rangle + \alpha_{01}|0\rangle|0\rangle + \alpha_{10}|1\rangle|0\rangle + \alpha_{11}|1\rangle|1\rangle$$

其中 $\sum_{i,j}|\alpha_{ij}|^2 = 1$。在本例中 $\alpha_{ij} = \frac{1}{2}$。

总状态可以写成两个电子各自状态的乘积：

$$\frac{1}{2}|00\rangle + \frac{1}{2}|01\rangle + \frac{1}{2}|10\rangle + \frac{1}{2}|11\rangle$$

$$= \left(\frac{1}{\sqrt{2}}|0\rangle + \frac{1}{\sqrt{2}}|1\rangle\right) \otimes \left(\frac{1}{\sqrt{2}}|0\rangle + \frac{1}{\sqrt{2}}|1\rangle\right)$$

事实上，总状态是可因式分解的，也就是说，两个电子状态的乘积表明电子是相互独立的。这意味着对一个电子的任何运算都不会对另一个电子产生影响。此外，由于总状态是这四种状态的相等叠加，因此测量结果将是其中随机的一种状态，并且每个状态出现的概率相等。

例如，考虑一个具有两种状态 A 和 B 的系统。假定当系统在状态 A 时，系统输出 a；在状态 B 时，系统输出为 b。当状态 A 和 B 等比例叠加时，该系统总是等概率地输出 a 或 b，没有别的输出结果。

在亚原子粒子的世界里，粒子可能同时处于无限多种不同的状态。实际上，一个粒子无论是处于一种不确定的状态，还是同时出现在两个地方，都不可能被实际观察到，只有通过测量才能证实这一点。

量子计算机的工作依赖于同时处理所有处于叠加状态的粒子[3]。这为量子计算机提供了并行处理能力。例如，传统计算机只能处理 n 位（目前为 64 位）的一个组合。而光谱另一端的量子计算机却可以同时处理两种状态的所有 2^n 种组合，相当于一台有 2^n 个处理器的传统计算机。例如，同时处理 64 个量子位而非 64 个经典位的能力可以将计算速度提高 $2^{64}(=2\times10^{19})$倍！

然而，叠加态的一个主要问题是，一旦被测量，它就会坍塌成一个随机状态。例如，假设电子是一个量子位，该量子位有两个状态，自旋向上的状态$|0\rangle$和自旋向下的状态$|1\rangle$。如果粒子进入叠加状态，它就好像是同时处于$|0\rangle$和$|1\rangle$状态。

因此，对单个量子位的运算操作同时影响量子位的两个值。类似地，一个有 2 个量子位的系统中的任何运算都会同时影响 4 个值，3 量子位系统中的任何运算则影响 8 个值。比如，在一个 4 量子位系统中，在任意时刻，这 4 个量子位可以是 16 种可能配置中的任意一种：

$$(0000, 0001, 0010, \cdots, 1111)$$

因此，4 量子位寄存器可以用上述 16 种状态的叠加表示为：

$$|\psi\rangle = c_0|0000\rangle + c_1|0001\rangle + c_2|0010\rangle + \cdots + c_{14}|1110\rangle + c_{15}|1111\rangle$$

其中 c_0，c_1，c_2，…，c_{15}是复系数，且满足

$$|c_0|^2 + |c_1|^2 + |c_2|^2 + \cdots + |c_{15}|^2 = 1$$

量子位寄存器的状态可以表示为张量积：

$$\begin{aligned}|\psi\rangle &= C_{0000}|0\rangle\otimes|0\rangle\otimes|0\rangle\otimes|0\rangle + C_{0001}|0\rangle\otimes|0\rangle\otimes|0\rangle\otimes|1\rangle \\ &\quad + C_{0010}|0\rangle\otimes|0\rangle\otimes|1\rangle\otimes|0\rangle + \cdots + C_{1110}|1\rangle\otimes|1\rangle \\ &\quad \otimes|1\rangle\otimes|0\rangle + C_{1111}|1\rangle\otimes|1\rangle\otimes|1\rangle\otimes|1\rangle \\ &= C_{0000}|0000\rangle + C_{0001}|0001\rangle + C_{0010}|0010\rangle + \cdots \\ &\quad + C_{1110}|1110\rangle + C_{1111}|1111\rangle\end{aligned}$$

同样，n 量子位寄存器的状态可以写成 2^n 维复希尔伯特空间的一个归一化向量。如前所述，它允许 2^n 个不同基态的叠加。

6.4 纠缠

纠缠是一种只存在于量子系统中的独特的相互关系，在经典物理学中没有类似的现象，它指的是量子粒子(电子、光子)以特定的方式相互作用后相互分离的奇特行为。纠缠是超密编码和隐形传态等现象的重要组成部分，超密编码允许经由单个量子粒子发送四个可能信息中的任意一个信息，而在隐形传态中，量子态无须经过中间的空间即可从一个位置传送到另一个位置。

EPR(爱因斯坦、波多尔斯基、罗森)表明，一个量子系统中的两个粒子可能是相互关联的，以致无论这两个粒子间的物理距离有多远，对其中一个粒子的任何测量都可以立即确定对另一个粒子进行相同测量的测量结果。换句话说，如果两个粒子纠缠在一起，无论两个粒子距离多远，其中一个粒子上的任何测量都可以瞬间影响它的伙伴粒子的行为。爱因斯坦称这种奇怪的现象为“鬼魅般的超距作用”。

例如，如果粒子是自旋相关的，其中一个是自旋向上的，那么另一个一定是自旋向下的。因此，双粒子系统的状态可以写成[4]

$$|\text{spin-up}\rangle_1 \otimes |\text{spin-down}\rangle_2$$

也有可能该系统的第一个粒子具有自旋向下的方向，第二个粒子具有自旋向上的方向：

$$|\text{spin-down}\rangle_1 \otimes |\text{spin-up}\rangle_2$$

或者，第一个粒子可能处于自旋向上和自旋向下的叠加态。如果此时第二个粒子是自旋向上的，那么粒子的组合状态为

$$(\alpha|\text{spin-up}\rangle_1+\beta|\text{spin-down}\rangle_1)\otimes|\text{spin-up}\rangle_2$$

如果对第一个粒子的自旋进行测量，得到自旋向上方向和自旋向下方向的概率分别是α^2和β^2。由于在这两种情况下都没有对第二个粒子进行测量，所以它不受影响。因此，如果第一个粒子的测量结果是自旋向上的，那么在第一个粒子测量后系统的状态将是

$$|\text{spin-up}\rangle_1\otimes|\text{spin-up}\rangle_2$$

在上述的量子态中，一个粒子的测量对另一个粒子的状态没有影响。

根据叠加原理，我们可以从双粒子系统的两个状态

$$|\text{spin-up}\rangle_1\otimes|\text{spin-down}\rangle_2$$

和

$$|\text{spin-down}\rangle_1\otimes|\text{spin-up}\rangle_2$$

中生成出一个新的量子态：

$$\frac{1}{\sqrt{2}}(|\text{spin-up}\rangle_1\otimes|\text{spin-down}\rangle_2+|\text{spin-down}\rangle_1\otimes|\text{spin-up}\rangle_2)$$

其中$\frac{1}{\sqrt{2}}$为归一化常数。

注意，在上面的叠加态中，第二个粒子是自旋向上的，同时也是自旋向下的。不过第二个粒子的两个方向都与第一个粒子的特定方向相关。例如，第一个粒子的第一项自旋向上与第二个粒子的自旋向下相关，而第一个粒子的第二项自旋向下则与第二个粒子的自旋向上相关。因此，如果第二个粒子的测量结果是自旋向上的，那么这个双粒子系统的最终状态为

$$|\text{spin-down}\rangle_1\otimes|\text{spin-up}\rangle_2$$

显然这是表达式的第二项。另外，如果第二个粒子的方向是自旋

向下的，那么最终状态将是表达式的第一项，即

$$|\text{spin-up}\rangle_1 \otimes |\text{spin-down}\rangle_2$$

接下来对第一个粒子进行测量。在第一项中，对第二个粒子的测量结果为自旋向下，因此，第一个粒子只能是自旋向上的，因为这是粒子在组合状态下的唯一取向。在第二种情况下，第二个粒子具有向上的自旋方向，因此第一个粒子将具有向下的自旋方向。因此，第一个粒子的测量结果由之前对第二个粒子的测量结果决定。

现在非常清晰的是，对一对粒子中的一个粒子的自旋的测量将正确地预测另一个粒子的后续测量结果。其原因在于双粒子系统的初始状态

$$\frac{1}{\sqrt{2}}(|\text{spin-up}\rangle_1 \otimes |\text{spin-down}\rangle_2 + |\text{spin-down}\rangle_1 \otimes |\text{spin-up}\rangle_2)$$

不能被分解成一个简单的两个状态的张量积，其中每个状态只包含一个粒子。这种状态称为纠缠态。

从以上讨论可以看出，两个纠缠的粒子之间似乎有某种看不见的联系。只有在可以把纠缠的量子位写成两个独立量子位的和的时候，才能避免这种联系的存在。举例来说，假设两个量子位的纠缠态可以由两个双量子位寄存器 $p=|00\rangle$ 和 $q=|11\rangle$ 生成，且 p 和 q 的权值相等，均为 ω，即

$$\psi_{00} = \omega|00\rangle + \omega|11\rangle \tag{6.2}$$

假设可以通过取量子位 u 和 v 各自状态的张量积得到 ψ，

$$\psi_{00} = (u_0|0\rangle + u_1|1\rangle) \otimes (v_0|0\rangle + v_1|1\rangle)$$

如果 u_0、u_1、v_0 和 v_1 的导数满足上式 ψ，则可以将其写成可分离状态。将 ψ 中的张量积展开，得到

$$\psi_{00} = (u_0 v_0 \,|00\rangle + u_0 v_1 \,|01\rangle + u_1 v_0 \,|10\rangle + u_1 v_1 \,|11\rangle)$$

由于式(6.2)不包含状态$|10\rangle$和$|01\rangle$，所以系数$u_1 v_0$和$u_0 v_1$就为0。对第一个系数，这意味着要么$u_1=0$，要么$v_0=0$。但是u_1不允许为0，因为这会导致$u_1 v_1=0$，从而消除状态$|11\rangle$。同样，如果$v_0=0$，则$u_0 v_0=0$会使状态$|00\rangle$被消除。简而言之，u_1和v_0都不可能为0。所以状态$|10\rangle$的权值就是一个非零值，但这又与式(6.2)矛盾。因此，需要将量子态ψ修订为

$$\psi_{00} = u_0 v_0 \,|00\rangle + u_1 v_1 \,|11\rangle + u_1 v_0 \,|10\rangle$$

或者，如果是系数$v_0 v_0=0$，而非$u_1 v_0$，那么状态$|01\rangle$将具有非零的权值。因此，修订后的量子态ψ为

$$|\psi_{00}\rangle = u_0 v_0 \,|00\rangle + u_0 v_1 \,|01\rangle + u_1 v_1 \,|11\rangle$$

一个生成纠缠的简单电路如图6.1所示。

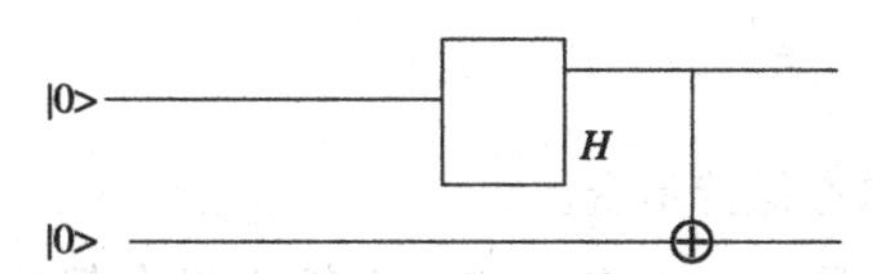

图6.1　用哈达玛门和CNOT门生成纠缠态(参考文献[3])

首先，第一个量子位通过哈达玛门，然后两个量子位都被CNOT门纠缠。如果电路的输入为$|0\rangle\otimes|0\rangle$，那么哈达玛门会将该状态变换为

$$\frac{|0\rangle + |1\rangle}{\sqrt{2}} \otimes |0\rangle$$

$$=\frac{1}{\sqrt{2}}(|0\rangle + |1\rangle) \otimes |0\rangle$$

$$=\frac{1}{\sqrt{2}}(|00\rangle + |10\rangle)$$

接着通过 CNOT 门后，状态变为

$$\frac{1}{\sqrt{2}}(|00\rangle+|11\rangle)$$

这是四个纠缠程度最大的贝尔态之一，该状态被称为贝尔态 $\varphi^{+}\rangle$。

然后，假设电路的每个输出都经过两个 H 门，即

$$\begin{aligned}
&H\otimes H\left(\frac{|00\rangle+|11\rangle}{\sqrt{2}}\right)\\
&=\frac{1}{\sqrt{2}}(H|0\rangle\otimes H|0\rangle)+\frac{1}{\sqrt{2}}(H|1\rangle\otimes H|1\rangle)\\
&=\frac{1}{\sqrt{2}}\left(\frac{1}{\sqrt{2}}|0\rangle+\frac{1}{\sqrt{2}}|1\rangle\right)\otimes\frac{1}{\sqrt{2}}\left(\frac{1}{\sqrt{2}}|0\rangle+\frac{1}{\sqrt{2}}|1\rangle\right)\\
&\quad+\frac{1}{\sqrt{2}}\left(\frac{1}{\sqrt{2}}|0\rangle-\frac{1}{\sqrt{2}}|1\rangle\right)\otimes\frac{1}{\sqrt{2}}\left(\frac{1}{\sqrt{2}}|0\rangle-\frac{1}{\sqrt{2}}|1\rangle\right)\\
&=\frac{|00\rangle+|11\rangle}{\sqrt{2}}
\end{aligned}$$

也就是说，贝尔态保持不变。

可以看出，图 6.1 中电路的每个输入组合都处于贝尔态，如下所列，也被称为 EPR 状态：

$$|\psi_{00}\rangle=\frac{|00\rangle+|11\rangle}{\sqrt{2}}=|\varphi^{+}\rangle$$

$$|\psi_{01}\rangle=\frac{|01\rangle+|10\rangle}{\sqrt{2}}=|\psi^{+}\rangle$$

$$|\psi_{10}\rangle=\frac{|00\rangle-|11\rangle}{\sqrt{2}}=|\varphi^{-}\rangle$$

$$|\psi_{11}\rangle=\frac{|01\rangle-|10\rangle}{\sqrt{2}}=|\psi^{-}\rangle$$

纠缠的另一个例子是，考虑一个双量子位系统并为这两个量

子位选择标准基，那么该系统的基就为

$$
\begin{aligned}
&(|0\rangle,|1\rangle)\otimes(|0\rangle,|1\rangle)\\
&=(|00\rangle,|01\rangle,|10\rangle,|11\rangle)
\end{aligned}
$$

此外，如果第一个量子位选择哈达玛基，第二个量子位选择标准基，那么双量子位系统的基就是

$$
\begin{aligned}
&(|+\rangle,|-\rangle)\otimes(|0\rangle,|1\rangle)\\
&=(|+0\rangle,|+1\rangle,|-0\rangle,|-1\rangle)
\end{aligned}
$$

其中

$$
\begin{aligned}
|+0\rangle&=\frac{1}{\sqrt{2}}(|0\rangle+|1\rangle\otimes|0\rangle)\\
&=\frac{1}{\sqrt{2}}(|00\rangle+|10\rangle)\\
|+1\rangle&=\frac{1}{\sqrt{2}}(|0\rangle+|1\rangle\otimes|1\rangle)\\
&=\frac{1}{\sqrt{2}}(|01\rangle+|11\rangle)\\
|-0\rangle&=\frac{1}{\sqrt{2}}(|0\rangle-|1\rangle\otimes|0\rangle)\\
&=\frac{1}{\sqrt{2}}|00\rangle-\frac{1}{\sqrt{2}}|10\rangle\\
|-1\rangle&=\frac{1}{\sqrt{2}}(|0\rangle-|1\rangle\otimes|1\rangle)\\
&=\frac{1}{\sqrt{2}}|01\rangle-\frac{1}{\sqrt{2}}|11\rangle
\end{aligned}
$$

因此，哈达玛标准基为

$$\left(\frac{1}{\sqrt{2}}(|00\rangle+|10\rangle)\right),\left(\frac{1}{\sqrt{2}}(|00\rangle+|11\rangle)\right),$$

$$\left(\frac{1}{\sqrt{2}}(|00\rangle-|10\rangle)\right),\left(\frac{1}{\sqrt{2}}(|01\rangle-|11\rangle)\right)$$

6.5 退相干

根据叠加原理，量子系统的任何两个状态$|A\rangle$和$|B\rangle$都可以被叠加，生成一个新的状态。因此，量子位可以从它的两个状态的任意叠加中生成一个新的状态。但是叠加态非常脆弱，很难控制[5]。因此，任何与外在环境的交互都可能导致叠加态消除某些相干，从而阻止相关状态相互干扰。这会有效地破坏叠加，系统会随机地坍塌成构成叠加态的状态之一。这个过程被称为退相干。

退相干在量子系统中是一种不良效应。它破坏了量子系统相对于经典系统的许多可能的优势。例如，在量子计算和量子密码学中有潜在应用价值的量子纠缠可能会由于退相干而丢失。另一个例子是，允许并行处理量子信息的状态的叠加，最容易受到退相干的影响。因此，量子位的设计需要消除环境相互作用的影响，这种影响使得量子叠加特性难以维持较长的时间。这是量子计算系统中的一个必要的要求。退相干是当前量子信息处理系统发展的主要障碍。现在人们普遍认为，只有通过加入某种形式的量子误差校正，才有可能在退相干存在的情况下仍能进行可靠的计算。

参考文献

1. 221A Lecture Notes on Tensor Product, University of California Berkeley, Hitoshi Murayama, Fall 2006.
2. Mark Wilde, Quantum Information Processing Basics (Lecture 1), Louisiana State, University, Department of Physics and Astronomy, Baton Rouge, June 2012.
3. Ryan O'Donnell, Quantum Computation (CMU 18-859BB, Fall 2015) Lecture 3: The Power of Entanglement, Carnegie Mellon University, Pittsburgh.
4. Oliver Morsch, *Quantum Bits and Quantum Secrets*, Wiley-VCH, 2008.
5. Maximilian A. Schlosshauer, *Decoherence and the Quantum-to-Classical Transition*, Springer, 2007.

第7章

隐形传态和超密编码

量子隐形传态是在量子位没有直接相互作用的情况下，用一个量子位的状态来代替另一个相距甚远的量子位的状态。它只在单个量子粒子(如光子、电子等)的层面上起作用，与电视节目或科幻故事中的情节没有丝毫相似之处。超密编码可以被看作通过发送一个量子位来传输两个经典位信息的过程。

7.1 量子隐形传态

隐形传态的目标是在不测量或不观察的情况下，将源(第一个)量子位的未知状态信息传输到目的(第二个)量子位，从而避免对第一个量子位的干扰[1,2,4]。由于不可能生成任意一个量子态的精确副本(不可克隆定理)，因此，第二个量子位不会收到第一个量子位的量子态副本。事实证明，第二个量子位不需要第一个量子位的状态信息的副本——第一个量子位的原始状态会被传送至第二个量子位。注意，这个过程并不比光快，而且必须提前部署一对纠缠态：

1. 开始时，假设位置 A 处为单量子位状态，

$$|\psi\rangle = \alpha|0\rangle + \beta|1\rangle$$

其中 α 和 β 是未知的。因此，无法获得位置 A 处指定状态的必要信息。

2. 生成一对量子位的纠缠态，假设纠缠态为贝尔(EPR)态，记为

$$|\vartheta\rangle = \frac{1}{\sqrt{2}}(|00\rangle + |11\rangle)$$

贝尔态的前半部分被发送到位置 A，后半部分被发送到位置 B。因此，位置 A 处有两个量子位(状态 $|\psi\rangle$ 和贝尔态 $|\vartheta\rangle$ 的前半部分)，位置 B 处有一个量子位(贝尔态 $|\vartheta\rangle$ 的后半部分)。

3. 为了将位置 A 的量子位传送到位置 B，用 ϑ 和位置 A 处的量子位创建一个张量积

$$\begin{aligned}\omega_1 &= \psi \otimes \vartheta \\ &= (\alpha|0\rangle + \beta|1\rangle) \otimes \frac{1}{\sqrt{2}}(|00\rangle + |11\rangle) \\ &= \alpha|0\rangle \otimes \frac{1}{\sqrt{2}}(|00\rangle + |11\rangle) + \beta|1\rangle \otimes \frac{1}{\sqrt{2}}(|00\rangle + |11\rangle) \\ &= \frac{1}{\sqrt{2}}(\alpha|000\rangle + \alpha|011\rangle + \beta|100\rangle + \beta|111\rangle)\end{aligned}$$

注意，最开始一共有三个量子位：

a. 量子位 Q_1 处于待传送的未知状态，位于位置 A 处。

b. 量子位 Q_2 是纠缠对的前半部分，也位于位置 A 处。

c. 量子位 Q_3 是纠缠对的后半部分，位于位置 B 处。

4. 接下来，位置 A 处的两个量子位通过 CNOT 门传送。如第

5 章所述，如果第一个量子处于状态 1，那么 CNOT 门将反转第二个量子位的状态，否则不会发生任何反转。因此，ω_0 状态的第 3、4 项的第二个量子位发生变化，生成一个新的状态：

$$\omega_1=\frac{1}{\sqrt{2}}(\alpha|000\rangle+\alpha|011\rangle+\beta|110\rangle+\beta|101\rangle)$$

5. 接下来量子位 Q_1 通过一个哈达玛门传送，Q_1 是第一个最初就包含要传送状态的量子位。状态 ω_1 有四项，第一个量子位分别处于状态 0、0、1 和 1。如前所述，哈达玛门将状态 $|0\rangle$ 和 $|1\rangle$ 分别变换为

$$|0\rangle=\frac{1}{\sqrt{2}}(|0\rangle+|1\rangle)$$

$$|1\rangle=\frac{1}{\sqrt{2}}(|0\rangle-|1\rangle)$$

将 ω_1 中第一个量子位中的 $|0\rangle$ 和 $|1\rangle$ 用它们的哈达玛变换代替，得到另一个量子态 ω_2：

$$\begin{aligned}\omega_2&=\frac{1}{\sqrt{2}}(\alpha|000\rangle+\alpha|011\rangle+\beta|110\rangle+\beta|101\rangle)\\&=\frac{1}{\sqrt{2}}\Big[\alpha\Big(\frac{1}{\sqrt{2}}(|0\rangle+|1\rangle)|00\rangle\Big)+\alpha\Big(\frac{1}{\sqrt{2}}(|0\rangle+|1\rangle)|11\rangle\Big)\\&\quad+\beta\Big(\frac{1}{\sqrt{2}}(|0\rangle-|1\rangle)|10\rangle\Big)+\beta\Big(\frac{1}{\sqrt{2}}(|0\rangle-|1\rangle)|01\rangle\Big)\Big]\end{aligned}$$

这表示八种状态的叠加，可以按如下方式重新排列：

$$\begin{aligned}\omega_2&=\frac{1}{\sqrt{2}}\Big[\alpha\Big(\Big(\frac{1}{\sqrt{2}}(|0\rangle+|1\rangle)|00\rangle\Big)+\Big(\frac{1}{\sqrt{2}}(|0\rangle+|1\rangle)|11\rangle\Big)\Big)\\&\quad+\beta\Big(\Big(\frac{1}{\sqrt{2}}(|0\rangle-|1\rangle)|10\rangle\Big)+\Big(\frac{1}{\sqrt{2}}(|0\rangle-|1\rangle)|01\rangle\Big)\Big)\Big]\end{aligned}$$

$$=\frac{1}{2}[\alpha|000\rangle+\alpha|100\rangle+\alpha|011\rangle+\alpha|111\rangle+\beta|010\rangle$$

$$-\beta|110\rangle+\beta|001\rangle-\beta|101\rangle]$$

$$=\frac{1}{2}[|00\rangle(\alpha|0\rangle+\beta|1\rangle)+|01\rangle(\alpha|1\rangle+\beta|0\rangle)$$

$$+|10\rangle(\alpha|0\rangle-\beta|1\rangle)+|11\rangle(\alpha|1\rangle-\beta|0\rangle)]$$

注意，这时的量子位 Q_1 和 Q_2 在位置 A 处，量子位 Q_3 在位置 B 处。

利用二维单位矩阵 I 和三个泡利矩阵：

$$I=\begin{bmatrix}1&0\\0&1\end{bmatrix}\qquad X=\begin{bmatrix}0&1\\1&0\end{bmatrix}$$

$$Y=\begin{bmatrix}0&-\mathrm{i}\\\mathrm{i}&0\end{bmatrix}\qquad Z=\begin{bmatrix}1&0\\0&-1\end{bmatrix}$$

可以将状态 ω_2 写为

$$=\frac{1}{2}[|00\rangle\begin{bmatrix}1&0\\0&1\end{bmatrix}|\psi\rangle+|01\rangle\begin{bmatrix}0&1\\1&0\end{bmatrix}|\psi\rangle$$

$$+|10\rangle\begin{bmatrix}1&0\\0&-1\end{bmatrix}|\psi\rangle+|11\rangle\mathrm{i}\begin{bmatrix}0&-\mathrm{i}\\\mathrm{i}&0\end{bmatrix}|\psi\rangle]$$

$$=\frac{1}{2}[|00\rangle\begin{bmatrix}1&0\\0&1\end{bmatrix}|\psi\rangle+|01\rangle\begin{bmatrix}0&1\\1&0\end{bmatrix}|\psi\rangle$$

$$+|10\rangle\begin{bmatrix}1&0\\0&-1\end{bmatrix}|\psi\rangle+|11\rangle\begin{bmatrix}1&0\\0&-1\end{bmatrix}\begin{bmatrix}0&1\\1&0\end{bmatrix}|\psi\rangle]$$

$$=\frac{1}{2}[|00\rangle I|\psi\rangle+|01\rangle X|\psi\rangle+|10\rangle Z|\psi\rangle+|11\rangle XZ|\psi\rangle]$$

注意，每项中量子位 1 和 2 是不同的。如果对位置 A 处的量子位进行测量，则可以使用下列任意一对经典位对测量结果进行编码：

$$c_0c_1 = 00, 01, 10, 11$$

换句话说，对量子位 1 和 2 进行测量得到的四种可能结果会生成两个位的经典信息：c_0 和 c_1。这种测量会对位置 B 处的 Q_3 产生影响，使其处于表 7.1 所示的四种不同状态之一。经典位 c_0 和 c_1 表示状态。

表 7.1　测量后 Q_3 的四种可能状态之一

位置 A 处 Q_1 和 Q_2 的测量结果(c_0c_1)	位置 B 处 Q_3 的状态
00	$(\alpha\|0\rangle+\beta\|1\rangle)$
01	$(\alpha\|1\rangle+\beta\|0\rangle)$
10	$(\alpha\|0\rangle-\beta\|1\rangle)$
11	$(\alpha\|1\rangle-\beta\|0\rangle)$

6. 接下来是通过经典信道将经典位 c_0 和 c_1 发送至位置 B 处。根据 c_0 和 c_1 的值，对 Q_3(位置 B 的量子位)执行四种可能的酉运算之一，如表 7.2 所示。这一步恢复状态 ψ，即 Q_1 的原始状态。

表 7.2　对 Q_3 执行酉运算

位置 A 处 Q_1 和 Q_2 的状态	恢复位置 A 处原始状态所需的酉运算
00	/
01	X
10	Z
11	ZX

举例来说，假设位置 A 处的量子位(Q_1 和 Q_2)被测量，结果为 00，那么如前所示，位置 B 处的量子位(Q_3)处于状态($\alpha|0\rangle+\beta|1\rangle$)。请注意，这就是最初用于隐形传态的状态，因此，从 A 到 B 的隐形传态已经发生了。但是，这并不是唯一的测量结果，可能的测量结果有四种，每个结果都给出了位置 B 处量子位的不同状态。如果位置 A 处的测量结果是 00、01、10 或 11，那么位置 B 处量子位的状态分别为($\alpha|0\rangle+\beta|1\rangle$)、($\alpha|1\rangle+\beta|0\rangle$)、($\alpha|0\rangle-\beta|1\rangle$)和($\alpha|1\rangle-\beta|0\rangle$)。

我们用两个经典位 c_0 和 c_1 对位置 A 处的两个量子位的四个可能的测量结果进行编码。在每一种情况下，为了使位置 A 处的 Q_1 和 Q_2 的状态恢复到原来的值，对位于 B 处的 Q_3 的状态执行酉运算，如下所述。

i. 当 Q_1 和 Q_2 的状态为 00 时，

Q_1Q_2	Q_3
$\|00\rangle$	$(\alpha\|0\rangle+\beta\|1\rangle)$

经典位 $c_0c_1=00$ 从位置 A 发送到位置 B。由于发送的两位都为 0，所以无须使用算子 X 和 Z，只需将酉算子 I 应用于 Q_3，如表 7.2 所示，就可以保持其状态 $\alpha|0\rangle+\beta|1\rangle$：

$$
\begin{aligned}
I(\alpha|0\rangle+\beta|1\rangle) &= \alpha I|0\rangle+\beta I|1\rangle \\
&= \alpha\begin{bmatrix}1 & 0\\0 & 1\end{bmatrix}\begin{bmatrix}1\\0\end{bmatrix}+\beta\begin{bmatrix}1 & 0\\0 & 1\end{bmatrix}\begin{bmatrix}0\\1\end{bmatrix} \\
&= \alpha\begin{bmatrix}1\\0\end{bmatrix}+\beta\begin{bmatrix}0\\1\end{bmatrix} \\
&= \alpha|0\rangle+\beta|1\rangle=\psi
\end{aligned}
$$

ii. 当 Q_1 和 Q_2 的状态为 01 时，

Q_1Q_2	Q_3
$\|01\rangle$	$(\alpha\|1\rangle+\beta\|0\rangle)$

经典位 $c_0c_1=01$ 从位置 A 发送到位置 B。因为 $c_0=0$，$c_1=1$，所以对位置 B 处的 Q_3 应用算子 X 即可，如表 7.2 所示。

$$X(\alpha|1\rangle+\beta|0\rangle)=\alpha X|1\rangle+\beta X|0\rangle$$

这样量子位 Q_3 的状态就会变为$(\alpha|0\rangle+\beta|1\rangle)=\psi$。

iii. 当 Q_1 和 Q_2 的状态为 10 时，

Q_1Q_2	Q_3
$\|10\rangle$	$(\alpha\|0\rangle-\beta\|1\rangle)$

经典位 $c_0c_1=10$ 从位置 A 发送到位置 B，如表 7.2 所示。因为 $c_0=1$，$c_1=0$，所以对位置 B 处的量子位 Q_3 应用算子 Z。这样量子位 Q_3 的状态就会变为$(\alpha|0\rangle+\beta|1\rangle)=\psi$。

$$\begin{aligned}Z(\alpha|0\rangle-\beta|1\rangle)&=\alpha Z|0\rangle-\beta Z|1\rangle\\&=\alpha\begin{bmatrix}1&0\\0&-1\end{bmatrix}\begin{bmatrix}1\\0\end{bmatrix}-\beta\begin{bmatrix}1&0\\0&-1\end{bmatrix}\begin{bmatrix}0\\1\end{bmatrix}\\&=\alpha\begin{bmatrix}1\\0\end{bmatrix}+\beta\begin{bmatrix}0\\1\end{bmatrix}\\&=\alpha|0\rangle+\beta|1\rangle=\psi\end{aligned}$$

iv. 当 Q_1 和 Q_2 的状态为 11 时，

Q_1Q_2	Q_3
$\|11\rangle$	$(\alpha\|1\rangle-\beta\|0\rangle)$

经典位 $c_0c_1=11$ 从位置 A 发送到位置 B。因为 $c_0=1$，$c_1=1$，

所以对位置 B 处的量子位 Q_3 应用算子 X 和 Z。

$$\begin{aligned} ZX(\alpha|1\rangle-\beta|0\rangle) &= \alpha ZX|1\rangle-\beta ZX|0\rangle \\ &= \alpha Z|0\rangle-\beta Z|1\rangle \\ &= \alpha|0\rangle+\beta|1\rangle=\psi \end{aligned}$$

这样量子位 Q_3 的状态就变为 $\alpha|0\rangle+\beta|1\rangle$。

在上述每一种情况下，都有一个酉算子将位置 B 的量子位状态还原为原始状态 ψ。

7.2 不可克隆定理

在经典的计算系统中，人们理所当然地认为数字数据可以被精确无误地复制。不可克隆定理描述了量子系统最基本的特性之一，即不存在能够完全复制任意量子态的酉运算[3]。这里的任意量子态指的是一个指定的希尔伯特空间里的任意状态。显然这限制了用于量子计算机程序设计的可用资源。不过，在量子密码学中不可克隆特性是非常重要的，因为无法复制未知的量子态是影响系统安全性的一个重要因素。

举例来说，所谓克隆就是假设有一台机器接受了一个量子位的状态作为输入，如果这台机器生成了两个与输入完全相同的状态副本，那么这就是状态的克隆。比如，状态 $|\psi\rangle$ 被机器转换成 $|\psi\psi\rangle$，或者状态 $|\phi\rangle$ 被转换成 $|\phi\phi\rangle$。但是，如果通过克隆机发送的是一个由两个状态的线性组合生成的状态，那么得到的输出为

$$|\omega\rangle=(a|\varphi\varphi\rangle+b|\phi\phi\rangle)$$

由于在量子系统中线性性质是不变的，因此得到的输出为 $|\varphi\rangle$ 的两

个副本和$|\phi\rangle$的两个副本的叠加。不过，克隆机的输出预计为

$$|\psi\rangle|\psi\rangle=(a|\varphi\rangle+b|\phi\rangle)(a|\varphi\rangle+b|\phi\rangle)$$

即预计的是$|\psi\rangle$本身及其副本，而不是克隆机生成的$|\omega\rangle$！不可克隆定理正式地陈述了这个结果。

定理：不存在可以将任意状态$|\psi\rangle$映射为$|\psi\rangle|\psi\rangle$的有效的量子运算。[5,6]

假设有一个初始状态$|s\rangle$，它将被转换成任意的其他状态$|\phi\rangle$或$|\psi\rangle$。例如，如果要将$|s\rangle$转换为$|\psi\rangle$，那么就将初始状态$|s\rangle$和$|\psi\rangle$通过图 7.1 所示的酉算子U变换为$|\psi\rangle$的两个副本。

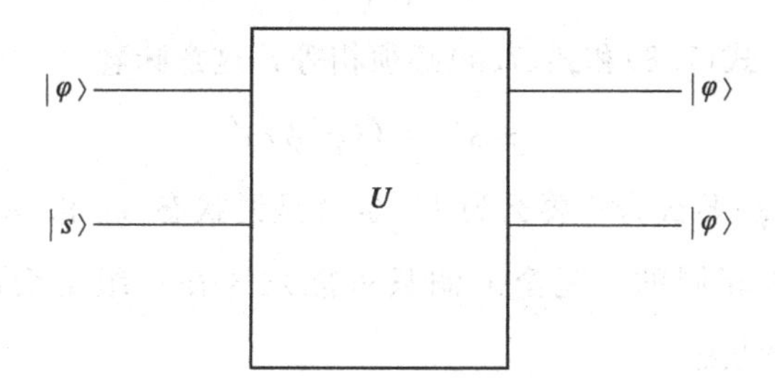

图 7.1　复制状态的酉变换U

使用酉算子U复制状态的过程可以写成

$$U|\varphi\rangle\otimes|s\rangle=|\varphi\rangle\otimes|\varphi\rangle \tag{7.1}$$

类似地，对状态$|\phi\rangle$有

$$U|\phi\rangle\otimes|s\rangle=|\phi\rangle\otimes|\phi\rangle \tag{7.2}$$

求上面两个式子左侧的内积，

$$U|\varphi\rangle\otimes|s\rangle U|\phi\rangle\otimes|s\rangle$$

用对应的共轭复数代替上式的前半部分，

$$=\langle s|\otimes\langle\varphi|U^{*}U|\phi\rangle\otimes|s\rangle$$

$$= \langle s| \otimes \langle \varphi | U^* U | \phi \rangle \otimes |s\rangle$$

由于$U^* U = I$，因此上式变为

$$= \langle s| \otimes \langle \varphi | \phi \rangle \otimes |s\rangle$$
$$= \langle \varphi | \phi \rangle \langle s | s \rangle$$

又由于$\langle s|s\rangle=1$，故上式变为

$$= \langle \varphi | \phi \rangle \tag{7.3}$$

同样，求式(7.1)和式(7.2)右侧的内积，

$$\begin{aligned} &\langle \varphi | \otimes \langle \varphi | \, | \phi \rangle \otimes | \phi \rangle \\ &= (\langle \varphi | \phi \rangle)^2 \end{aligned} \tag{7.4}$$

不管怎样，式(7.3)和式(7.4)必须相等，这意味着

$$\langle \varphi | \phi \rangle = (\langle \varphi | \phi \rangle)^2$$

所以，$\langle \varphi | \phi \rangle$要么为0要么为1，也就是说状态$|\psi\rangle$和$|\phi\rangle$要么是正交的要么是相同的。完全复制只可能发生在一组正交的状态中，而不是任意状态。

不可克隆定理的另一个证明如下。假设有一个酉算子可以将一个未知状态$|\alpha\rangle=a|0\rangle+b|1\rangle$复制到另一个状态$|s\rangle$上，那么，

$$\begin{aligned} U(|\alpha\rangle|s\rangle) &= |\alpha\rangle|\alpha\rangle = (a|0\rangle + b|1\rangle)(a|0\rangle + b|1\rangle) \\ &= a^2|00\rangle + ab|01\rangle + ab|10\rangle + b^2|11\rangle \end{aligned}$$

然而，如果通过克隆机发送状态$|\alpha\rangle$对应的线性组合，则会生成一个不同的状态：

$$\begin{aligned} U(a|0\rangle + b|1\rangle)|s\rangle &= (a|00\rangle + b|11\rangle) \\ &\neq (a|0\rangle + b|1\rangle)(a|0\rangle + b|1\rangle) \end{aligned}$$

这个矛盾的结果就证明了不存在克隆算子。

7.3　超密编码

可以将超密编码视为反向传送。其核心思想是通过向量子通道发送单个量子位来传送两个经典位的信息。假设 Alice 想向 Bob 发送一个两位的消息[1,4,6]。她可以发送两个包含信息编码的量子位。单个量子位本身无法传输两个经典的信息位。不过，超密编码允许单个量子位执行这项工作，只需双方最初共享一对纠缠的量子位。假设一开始 Alice 和 Bob 就共享一个贝尔态：

$$\frac{1}{\sqrt{2}}(|00\rangle+|11\rangle)$$

每一项的第一个量子位是 Alice 状态的一半，第二个量子位是 Bob 使用的。注意，贝尔态是固定状态，Alice 和 Bob 不需要准备状态。假设某第三方预先准备了贝尔态，并将一个纠缠的量子位发送给 Alice，另一个发送给 Bob。因此，Alice 和 Bob 各自拥有一半的贝尔态，也就是说他们共享一个纠缠对。

例如，假设 s_1s_0 是 Alice 想发送给 Bob 的两位字符串。s_1s_0 有四种可能的组合，即 s_1s_0(=00，01，10，11)。Alice 根据想要发送给 Bob 的位串，从四个酉运算 $U=(I, X, Y, Z)$中选择一个，应用到她自己所拥有的纠缠位上。只对自己拥有的量子位进行变换意味着她需要对第二个量子位(Bob 对应的量子位)应用一个单位算子(I)，这样第二个量子位就不会有所改变。编码过程如下所述。

要发送的经典位为 00。无须做任何运算，Alice 在其对应的贝尔态部分应用 $U=I\otimes I$，

$$I \otimes I = \begin{bmatrix} 1 & 0 \\ 0 & 1 \end{bmatrix} \otimes \begin{bmatrix} 1 & 0 \\ 0 & 1 \end{bmatrix} = \begin{bmatrix} 1 & 0 & 0 & 0 \\ 0 & 1 & 0 & 0 \\ 0 & 0 & 1 & 0 \\ 0 & 0 & 0 & 1 \end{bmatrix}$$

所以有

$$(I \otimes I)\left(\frac{1}{\sqrt{2}}(|00\rangle + |11\rangle)\right) = \begin{bmatrix} 1 & 0 & 0 & 0 \\ 0 & 1 & 0 & 0 \\ 0 & 0 & 1 & 0 \\ 0 & 0 & 0 & 1 \end{bmatrix}\left(\frac{1}{\sqrt{2}}(|00\rangle + |11\rangle)\right)$$

$$= \frac{1}{\sqrt{2}}(|0\rangle|0\rangle + |1\rangle|1\rangle)$$

要发送的经典位为 01。Alice 在其对应的贝尔态部分应用 $U = X \otimes I$，

$$U = X \otimes I = \begin{bmatrix} 0 & 1 \\ 1 & 0 \end{bmatrix} \otimes \begin{bmatrix} 1 & 0 \\ 0 & 1 \end{bmatrix} = \begin{bmatrix} 0 & 0 & 1 & 0 \\ 0 & 0 & 0 & 1 \\ 1 & 0 & 0 & 0 \\ 0 & 1 & 0 & 0 \end{bmatrix}$$

因此有

$$(X \otimes I)\left(\frac{1}{\sqrt{2}}(|00\rangle + |11\rangle)\right) = \begin{bmatrix} 0 & 0 & 1 & 0 \\ 0 & 0 & 0 & 1 \\ 1 & 0 & 0 & 0 \\ 0 & 1 & 0 & 0 \end{bmatrix}\left(\frac{1}{\sqrt{2}}(|00\rangle + |11\rangle)\right)$$

$$= \begin{bmatrix} 0 & 0 & 1 & 0 \\ 0 & 0 & 0 & 1 \\ 1 & 0 & 0 & 0 \\ 0 & 1 & 0 & 0 \end{bmatrix} \frac{1}{\sqrt{2}} \begin{bmatrix} 1 \\ 0 \\ 0 \\ 1 \end{bmatrix}$$

$$= \frac{1}{\sqrt{2}} \begin{bmatrix} 0 \\ 1 \\ 1 \\ 0 \end{bmatrix}$$

$$= \frac{1}{\sqrt{2}} (|1\rangle|0\rangle + |0\rangle|1\rangle)$$

要发送的经典位为 10。Alice 在其对应的贝尔态部分应用 $U = Z \otimes I$，

$$U = Z \otimes I = \begin{bmatrix} 1 & 0 \\ 0 & -1 \end{bmatrix} \begin{bmatrix} 1 & 0 \\ 0 & 1 \end{bmatrix} = \begin{bmatrix} 1 & 0 & 0 & 0 \\ 0 & 1 & 0 & 0 \\ 0 & 0 & -1 & 0 \\ 0 & 0 & 0 & -1 \end{bmatrix}$$

因此有

$$(Z \otimes I) \left(\frac{1}{\sqrt{2}} (|00\rangle + |11\rangle) \right)$$

$$= \begin{bmatrix} 1 & 0 & 0 & 0 \\ 0 & 1 & 0 & 0 \\ 0 & 0 & -1 & 0 \\ 0 & 0 & 0 & -1 \end{bmatrix} \left(\frac{1}{\sqrt{2}} (|00\rangle + |11\rangle) \right)$$

$$= \begin{bmatrix} 1 & 0 & 0 & 0 \\ 0 & 1 & 0 & 0 \\ 0 & 0 & -1 & 0 \\ 0 & 0 & 0 & -1 \end{bmatrix} \frac{1}{\sqrt{2}} \begin{bmatrix} 1 \\ 0 \\ 0 \\ 1 \end{bmatrix}$$

$$= \frac{1}{\sqrt{2}} \begin{bmatrix} 1 \\ 0 \\ 0 \\ -1 \end{bmatrix}$$

$$=\frac{1}{\sqrt{2}}(|0\rangle|0\rangle-|1\rangle|1\rangle)$$

要发送的经典位为 11。Alice 在其对应的贝尔态部分应用 $U=XZ\otimes I$，由于 $XZ=\mathrm{i}Y$，所以有

$$\begin{aligned}U&=\mathrm{i}Y\otimes I\\&=\mathrm{i}\begin{bmatrix}0&-\mathrm{i}\\\mathrm{i}&0\end{bmatrix}\otimes\begin{bmatrix}1&0\\0&1\end{bmatrix}\\&=\begin{bmatrix}0&1\\-1&0\end{bmatrix}\otimes\begin{bmatrix}1&0\\0&1\end{bmatrix}\end{aligned}$$

因此有

$$\begin{aligned}&(XZ\otimes I)\left(\frac{1}{\sqrt{2}}(|00\rangle+|11\rangle)\right)\\&=\begin{bmatrix}0&0&1&0\\0&0&0&1\\-1&0&0&0\\0&-1&0&0\end{bmatrix}\left(\frac{1}{\sqrt{2}}(|00\rangle+|11\rangle)\right)\\&=\begin{bmatrix}0&0&1&0\\0&0&0&1\\-1&0&0&0\\0&-1&0&0\end{bmatrix}\frac{1}{\sqrt{2}}\begin{bmatrix}1\\0\\0\\1\end{bmatrix}\\&=\frac{1}{\sqrt{2}}\begin{bmatrix}0\\0\\-1\\0\end{bmatrix}=\frac{1}{\sqrt{2}}(|0\rangle|1\rangle-|1\rangle|0\rangle)\end{aligned}$$

表 7.3 展示了发送两位字符串的初始状态、应用的酉运算以

及最终状态。注意，和初始状态一样，最终状态也是贝尔基态。

表 7.3　通过一个量子位传递四个可能的两位字符串中的一个

要发送的经典位	初始状态	酉运算	最终状态
00	$\frac{1}{\sqrt{2}}(\|00\rangle+\|11\rangle)$	$I\times I$	$\frac{1}{\sqrt{2}}(\|0\rangle\|0\rangle+\|1\rangle\|1\rangle)$
01	$\frac{1}{\sqrt{2}}(\|00\rangle+\|11\rangle)$	$X\times I$	$\frac{1}{\sqrt{2}}(\|1\rangle\|0\rangle+\|0\rangle\|1\rangle)$
10	$\frac{1}{\sqrt{2}}(\|00\rangle+\|11\rangle)$	$Y\times I$	$\frac{1}{\sqrt{2}}(\|0\rangle\|0\rangle-\|1\rangle\|1\rangle)$
11	$\frac{1}{\sqrt{2}}(\|00\rangle+\|11\rangle)$	$X\times Z$	$\frac{1}{\sqrt{2}}(\|0\rangle\|1\rangle-\|1\rangle\|0\rangle)$

在应用了酉运算之后，Alice 将其对应的一半纠缠量子比特发送给 Bob，即 q_0。Bob 将 q_0 与他自己对应的量子位 q_1 相结合，并对(q_0 q_1)应用一个可控非门运算，其中 q_0 作为控制位。然后，对该对的第一个量子位进行哈达玛变换，这会导致贝尔态的解缠，并得到唯一的与两位字符串对应的状态。具体过程如下。

00 的情况下。对(q_0 q_1)的可控非门运算对贝尔态的 $|0\rangle|0\rangle$ 部分没有影响，

$$\frac{1}{\sqrt{2}}(|0\rangle|0\rangle+|1\rangle|1\rangle)$$

但是由于第二项的 q_0 为 1，所以可控非门运算会将 $|1\rangle|1\rangle$ 部分变换成 $|1\rangle|0\rangle$。因此，贝尔态被转换为

$$\frac{1}{\sqrt{2}}(|0\rangle|0\rangle+|1\rangle|0\rangle) \tag{7.5}$$

然后，Bob 对纠缠对的第一个量子位 q_0 应用哈达玛变换 H，式(7.5)中的贝尔态变换为

$$\frac{1}{\sqrt{2}}\left[\frac{1}{\sqrt{2}}(|0\rangle+|1\rangle)|0\rangle+\frac{1}{\sqrt{2}}(|0\rangle-|1\rangle)|0\rangle\right]$$

$$=\frac{1}{2}[(|0\rangle+|1\rangle)|0\rangle+(|0\rangle-|1\rangle)|0\rangle]$$

$$=\frac{1}{2}[|00\rangle+|10\rangle+|00\rangle-|10\rangle]$$

$$=|00\rangle$$

Bob 对两个量子位进行测量，得到 Alice 的信息为 00。

01 的情况下。可控非门将贝尔态

$$\frac{1}{\sqrt{2}}(|1\rangle|0\rangle+|0\rangle|1\rangle)$$

的$|1\rangle|0\rangle$部分变换为$|1\rangle|1\rangle$。由于第一个比特也就是控制位为 1，因此贝尔态被转换为

$$\frac{1}{\sqrt{2}}(|1\rangle|1\rangle+|0\rangle|1\rangle) \tag{7.6}$$

接着，Bob 对纠缠对的第一个量子位 q_0 应用哈达玛变换 H，式(7.6)中的贝尔态变换为

$$\frac{1}{\sqrt{2}}\left[\frac{1}{\sqrt{2}}(|0\rangle-|1\rangle)|1\rangle+\frac{1}{\sqrt{2}}(|0\rangle+|1\rangle)|1\rangle\right]$$

$$=\frac{1}{2}[|01\rangle-|11\rangle+|01\rangle+|11\rangle]$$

$$=|01\rangle$$

Bob 对两个量子位进行测量，得到 Alice 的信息为 01。

10 的情况下。可控非门改变贝尔态

$$\frac{1}{\sqrt{2}}(|0\rangle|0\rangle-|1\rangle|1\rangle)$$

的$|1\rangle|1\rangle$部分，并将其变换为

$$\frac{1}{\sqrt{2}}(|0\rangle|0\rangle-|1\rangle|0\rangle) \tag{7.7}$$

对量子位 q_0 应用哈达玛变换 H，式(7.7)中的贝尔态变换为

$$\frac{1}{\sqrt{2}}\left[\frac{1}{\sqrt{2}}(|0\rangle+|1\rangle)|0\rangle-\frac{1}{\sqrt{2}}(|0\rangle-|1\rangle)|0\rangle\right]$$

$$=\frac{1}{2}[|00\rangle+|10\rangle-|00\rangle+|10\rangle]$$

$$=|10\rangle$$

Bob 对两个量子位进行测量，得到 Alice 的信息为 10。

11 的情况下。可控非门改变贝尔态

$$\frac{1}{\sqrt{2}}(|0\rangle|1\rangle-|1\rangle|0\rangle)$$

的 $|1\rangle|0\rangle$ 部分，将其变换为

$$\frac{1}{\sqrt{2}}(|0\rangle|1\rangle-|1\rangle|1\rangle) \tag{7.8}$$

对量子位 q_0 应用哈达玛变换 H，式(7.8)中的贝尔态变换为

$$\frac{1}{\sqrt{2}}\left[\frac{1}{\sqrt{2}}(|0\rangle+|1\rangle)|1\rangle-\frac{1}{\sqrt{2}}(|0\rangle-|1\rangle)|1\rangle\right]$$

$$=\frac{1}{2}[|01\rangle+|11\rangle-|01\rangle+|11\rangle]$$

$$=|11\rangle$$

Bob 对两个量子位进行测量，得到 Alice 的信息为 11。

因此，在上述四种情况下，Bob 都需要两个位来解码最终的状态。这意味着 Alice 给 Bob 的信息是两位而不是一位，否则就不可能解码四个不同的状态！

参考文献

1. Mark Oskin, Quantum Computing—Lecture Notes, University of Washington.
2. C/CS/Phys C191 Teleportation Fall 2009 Lecture 5, UC Berkley, 2009.
3. Ryan Odonnell, Quantum Computation Lecture Notes, Lecture 3: The Power of Entanglement, Carnegie Mellon University, 2015.
4. John Watrous, CPSC 519/619: Quantum Computation, Lecture 3: Superdense Coding, Quantum Circuits, and Partial Measurements, University of Calgary, 2006.
5. G. Benenti, G. Casati, and G. Strini, *Principles of Quantum Computation and Information Vol. I Basic Concepts*, World Scientific, 2004.
6. D. McMahon, *Quantum Computing Explained*, Wiley Interscience, 2008.

第 8 章

量子纠错

量子计算机的一个主要缺点是量子位与其环境之间的任何交互都会破坏量子位。然而，通过使用纠错码，可以在不干扰量子位相干性的情况下检测和纠正量子位的错误。量子纠错编码技术与经典的纠错编码技术非常相似，也是利用额外的比特从错误状态恢复到原始状态。

在经典通信或计算机系统中，由于环境的干扰或通信介质的物理缺陷，从一个点传输到另一个点的信息比特会发生变化。因此，一串数据中的一个比特的值可以从 0 变为 1，反之亦然。这就是所谓的单比特错误。

数据编码通常用于检测和纠正错误，以确保信息完整地从源端传输到目标端。几乎所有的数字信息处理系统都会在源端对数据位进行某种形式的编码来进行传输。在数据传输之前，编码过程使用附加的比特，这些附加比特对于信息来说是多余的，一旦确定了所传输数据的准确性，这些附加比特就会被丢弃。利用这种冗余可以在目标端检测任何在传输过程中引入的错误。

例如，假定有一个数据字符串

0 1 1 1 0 1 0 0

假设这个数据字符串经传输后变为

0 1 1 $\underline{0}$ 0 1 0 0

接收数据中有一个比特发生了错误，但是这个错误并不明显，除非对发送和接收的字符串进行逐位比较。

不过，如果我们并不存储原始字符串，而是在存储之前复制原始字符串的每个比特，

00 11 11 11 00 11 00 00

那么很容易看到，在没有任何位发生错误的情况下，字符串应该只由00对和11对组成。现在假设某些比特发生了如下翻转：

00 11 10 11 00 11 01 00

现在非常清楚的是，在两个不同的字符串中有两对字符串(对3和对7)存在单比特错误。类似地，如果一对中的两个比特都是错误的，比如

$$00 \rightarrow 11$$
$$11 \rightarrow 00$$

则表示存在双比特错误。然而，同时翻转两个比特会将一个有效的码字转换成另一个有效的码字，因此该错误无法被检测到。这种通过添加附加比特使得接收机能够判断编码的数据是否被破坏的策略被称为纠错码。

另外，经典计算系统中的纠错涉及编码策略，这个编码策略保证了在信息传输过程中发生的任何错误都能被自动检测和纠正。假设源(Alice)希望通过一个通信信道将经典信息位传输给接收者(Bob)，如图8.1所示。在实际应用中，由于信道噪声大，信息在传输过程中容易出错。为了保护信息不受噪声的影响，Alice将一

些冗余(校验)位合并到信息位，并将混合(编码)数据位发送给Bob。Bob在接收到混合数据后，识别出错误位，纠正错误并删除校验位。

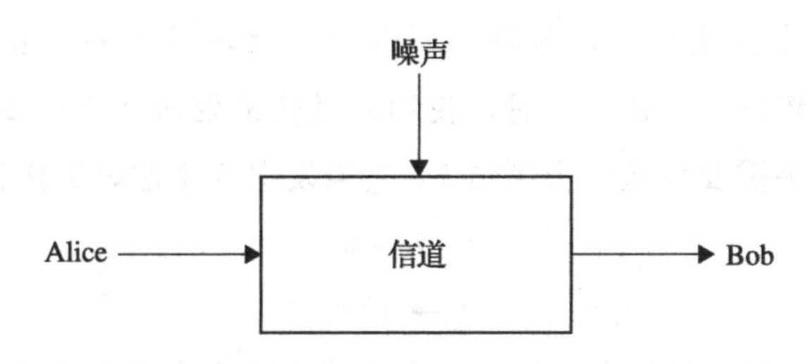

图 8.1 在有噪声的情况下传输数据

8.1 经典纠错码

经典纠错码的一个最简单的示例就是重复编码。它使用三个比特对单比特进行编码：

$$0 \rightarrow 000$$

$$1 \rightarrow 111$$

如果发生错误，导致三个比特中的一个发生翻转，那么通过多数投票就可以消除该错误。

识别错误的一般策略是发送重复的数据位。这种重复允许在仍然保持其解码原始消息的能力下某些数据的损坏。图 8.1 显示了一个简单的噪声信道模型，称为二进制对称信道。假设该信道每次从Alice处传送一个比特给Bob，假定该比特通常能被正确传输。但信道上有噪声，在噪声的影响下，会有一个很小的概率$p>0$使Alice发送的比特被翻转，即发送的比特没有被正确接收。这个概率称为交叉概率，表示接收到的比特与发送的比特不同的概率。因此，如果 Alice 发送的比特为 b，那么 Bob 接收到 b 的概率为$(1-p)$，而没有接收到 b 的概率是 p。

保护一个比特不受噪声影响的一种简单方法是用它自身的三个副本来代替该比特，这就是所谓的 *3 比特重复码*。也就是说，每次需要传送一个逻辑 0 时，我们通过信道发送 3 个逻辑 0 比特。同样，如果需要传送一个逻辑 1，则需发送 3 个逻辑 1 比特：

$$0 \rightarrow 000$$

$$1 \rightarrow 111$$

在接收端，如果在接收的 3 个比特中至少有 2 个比特具有相同的值 v，则根据多数表决规则，v 被认为是正确的输出。这种译码过程称为*多数译码*。因此，如果有单比特翻转错误，可以通过选择三个比特中的大多数来予以纠正，比如 101→1。该纠错方案使用一个比特的三个副本和多数译码，只要只发生一个错误，它都能纠错，称该方案为 TMR(*三模冗余*)。表 8.1 展示了 3 比特重复数据的解码过程，以及解码过程中出错的相关概率。因此总的误差概率为

$$p^2(1-p)+p^2(1-p)+p^2(1-p)+p^3=3p^2(1-p)+p^3$$

表 8.1 解码时的误差概率

发送的信息	接收的信息	译码结果	误差概率
000	000	0	$(1-p)^3$
	001	0	$p(1-p)^2$
	010	0	$p(1-p)^2$
	100	0	$p(1-p)^2$
	011	1	$p^2(1-p)$
	110	1	$p^2(1-p)$
	101	1	$p^2(1-p)$
	111	1	p^3

从表8.1可以清楚地看出，只要仅发生一个错误，3比特重复码能100%精确解码正确的值。总的误差概率为同时发生两个或三个错误的可能性，即$3p^2(1-p)+p^3$，这种情况下正确解码的概率为$(1-p^3)+3p^2(1-p)$。如果不进行编码，正确接收每比特的概率为$(1-p)$。如果总的误差概率小于p，那么数据编码可以提高整体可靠性。如果$p=1/2$，则正确接收发送比特的概率只有50%，显然该信道毫无用处。

8.2　量子纠错码

与经典纠错一样，量子计算系统中的纠错指的是保证在信息比特传输过程中发生的任何错误都能被自动检测和纠正的编码策略。

3比特重复码也可以用在量子系统中。不过检测量子错误并不容易。比如，与经典系统不同，*单比特翻转错误*(一个比特从0变为1，反之亦然)无法仅通过复制三个该比特的副本，以及将大多数无错误输出作为正确输出来进行检测和纠正。由于量子态非常脆弱，任何直接复制量子态的尝试都可能改变这个量子态，因此上述方法并不可靠。此外，量子位还可能受到另一种误差的影响，即*相位误差*。由于量子物理学中的叠加现象，量子系统中的每个量子位可以暂时以0的形式存在，也可以同时以0和1的形式存在。相位误差可以改变0和1之间相位关系的叠加符号[1-3]。

正如第1章所讨论的，一个量子位可以处于两种不同的状态之一：$|0\rangle$或$|1\rangle$。这两个状态构成了量子位的标准基。此外，量

子位也可以是这两种基态的任意叠加，即 $a|0\rangle+b|1\rangle$，其中 a 和 b 是复数。尽管系数 a 和 b 可以为任意值，但通常只考虑它们的归一化组合。由于一个量子位可能处于无限多种叠加态中的任意一种，因此在量子系统中出现的错误比在经典系统中出现的错误要复杂得多。事实上，如果不加入某种纠错特性，量子计算是不可能实现的。因此，在量子系统中纠错是非常重要的。

量子纠错码的原理与经典纠错码基本相同。编码涉及在发送端向信息位添加校验位(冗余)，这样，如果编码的信息位在传输过程中被损坏，在接收端仍然可能恢复原始数据。成功纠错所需的校验位的位数取决于所使用的编码技术。设 E 和 D 分别为编码及解码算子，算子 F 表示在处理或传输一个量子位 ϕ 时可能发生的错误，则有

$$\phi \xrightarrow{E} E(\phi) \longrightarrow F(E(\phi)) \xrightarrow{D} \phi$$

为了设计可行的量子纠错码，需要熟悉与量子信息处理相关的一些特定问题，如：

- 不可克隆定理禁止复制。不可能通过创建任意未知量子态 $|\psi\rangle$的相同副本来获得多个副本。简而言之，不能通过多次复制一个状态来设计重复码。
- 量子位可以处于无限种可能的叠加态中的任意一种，即状态 $|0\rangle$和状态 $|1\rangle$的线性组合。单个量子位上的不同错误可能会形成一个组合错误，这将导致无法识别特定的错误。
- 不可能通过测量量子位来检测错误。任何测试一个状态是否正确的测量都会破坏量子态的叠加，量子位会坍塌至单一态，导致无法恢复。

假设量子信道传输量子位时，一个比特从0变成1或从1变成0的概率是 p，那么，该比特保持不变的概率是 $1-p$。信道中的这种错误称为比特翻转错误，它对量子位的影响与算子 X 对它的影响相同：

$$\psi=\alpha|0\rangle+\beta|1\rangle \xrightarrow{X} \alpha|1\rangle+\beta|0\rangle$$

量子位上另一类重要的错误称为相位翻转。相位翻转对量子位的影响类似于对量子位应用算子 Z：

$$\psi=\alpha|0\rangle+\beta|1\rangle \xrightarrow{Z} \alpha|0\rangle-\beta|1\rangle$$

8.3 肖尔的3量子位比特翻转码

如前所述，比特翻转等同于量子计算中的 X 门：

$$|0\rangle \rightarrow X|0\rangle=|1\rangle$$

$$|1\rangle \rightarrow X|1\rangle=|0\rangle$$

$$|\varphi\rangle=|0\rangle+|1\rangle \rightarrow X|\varphi\rangle=|1\rangle+|0\rangle$$

可以模仿经典的3位重复码的概念来保护一个量子位不受比特翻转错误的影响，不过编码和纠错都是由量子运算来完成的。假设有一个处于未知状态的量子位：

$$|\varphi\rangle=\alpha|0\rangle+\beta|1\rangle$$

将这个单个量子位的状态 $\alpha|0\rangle+\beta|1\rangle$ 嵌入三个纠缠的量子位，可以防止比特翻转错误：

$$(\alpha|0\rangle+\beta|1\rangle)|0\rangle|0\rangle \rightarrow \alpha|000\rangle\beta|111\rangle$$

根据不可克隆定理，无法为未知量子位进行如下编码：

$$(\alpha|0\rangle+\beta|1\rangle) \otimes (\alpha|0\rangle+\beta|1\rangle) \otimes (\alpha|0\rangle+\beta|1\rangle)$$

3 量子位码将一个逻辑量子位编码成具有纠正单比特翻转错误特性的三个物理量子位。假设量子位的两个逻辑状态被定义为

$$|0\rangle_L = |000\rangle, \quad |1\rangle_L = |111\rangle$$

那么，任意一个单量子位状态 $\psi = \alpha|0\rangle + \beta|1\rangle$ 可以映射为

$$\begin{aligned}\alpha|0\rangle + \beta|1\rangle &\rightarrow \alpha|0\rangle_L + \beta|1\rangle_L \\ &= \alpha|000\rangle + \beta|111\rangle \\ &= \psi_L\end{aligned}$$

图 8.2 展示了需要通过初始化两个辅助量子位和两个 CNOT 门来对单个量子位进行编码的量子电路，辅助量子位被设置为 0。基于信息量子位的状态，两个 CNOT 门作用于辅助量子位。

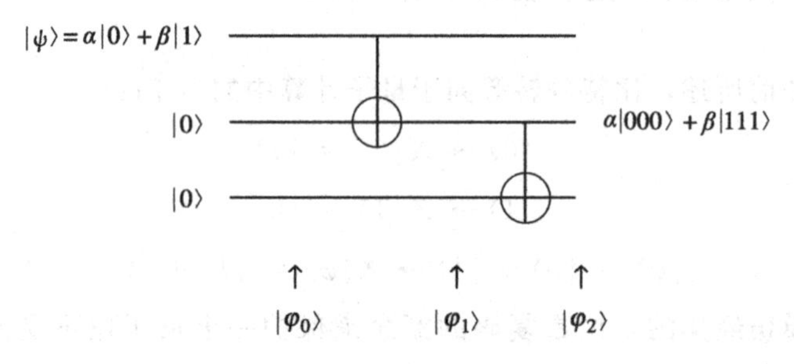

图 8.2　单量子位编码

图 8.2 中电路的输入状态为 $|\psi\rangle$，两个辅助量子位处于状态 $|00\rangle$。当目标位为 $|\psi\rangle = |0\rangle$ 时，辅助量子位保持不变，输出为 $|000\rangle$。然而，当输入为 $|\psi\rangle = |1\rangle$ 时，输出是 $|111\rangle$。根据叠加原理，输入 $|\psi\rangle|00\rangle = (\alpha|0\rangle + \beta|1\rangle)|00\rangle$ 按预期生成如下输出：

$$|\psi\rangle_L = \alpha|000\rangle + \beta|111\rangle$$

具体解释如下。

在 $|\varphi_0\rangle$ 阶段，顶部 CNOT 门的输入如图 8.2 所示：

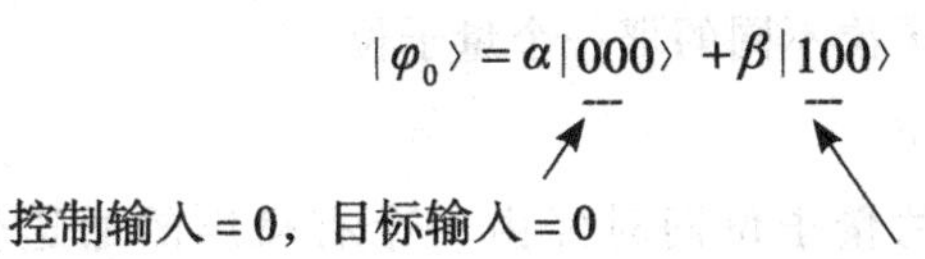

当控制位为$|\psi\rangle=|0\rangle$时，辅助量子位保持不变，输出为$|000\rangle$。但当输入为$|\psi\rangle=|1\rangle$时，输出为$|110\rangle$。由于顶部的CNOT门会将$|10\rangle$翻转到$|11\rangle$，所以有

$$|\varphi_1\rangle=\alpha|000\rangle+\beta|110\rangle$$

同样，在$|\varphi_1\rangle$阶段，底部CNOT门的输入为

$$|\varphi_1\rangle=\alpha|000\rangle+\beta|110\rangle$$

控制输入=0，目标输入=0

控制输入=1，目标输入=0

当控制位为$|\psi\rangle=|0\rangle$，辅助量子位保持不变，输出为$|000\rangle$。但当输入为$|\psi\rangle=|1\rangle$时，输出为$|111\rangle$。由于底部的CNOT门会将第二项中的$|10\rangle$翻转到$|11\rangle$，所以有

$$|\varphi_2\rangle=\alpha|000\rangle+\beta|111\rangle$$

因此，图8.2所示的电路将一个给定的量子位$\alpha|0\rangle+\beta|1\rangle$与另外两个辅助量子位编码成了三个量子元的复合态，即$\alpha|000\rangle+\beta|111\rangle$。注意，量子态只在计算基中重复。更重要的是，叠加态有冗余编码但不重复，因此并不违反不可克隆定理。

8.4 纠错

量子纠错原理与经典纠错原理相同，可通过以下步骤进行：

1. 测量所有三个已编码的量子位。

2. 找出与其他量子位不同的那一个量子位。

3. 翻转错误量子位。

如果三个已编码的量子位同时经由一个有噪声的通道传送，纠错机制可以在不破坏叠加的情况下对比特翻转错误进行检测和纠正。假设三个量子位中只有一个是翻转的。为了说明纠错过程，假设在传输过程中第一个量子位受通道内噪声的影响而翻转，而第二个和第三个量子位并不受影响。因此这三个量子位的状态就变成了

$$\alpha|100\rangle+\beta|011\rangle \tag{8.1}$$

但在这些发送码字的接收端，必须在不知道任何有关特定比特翻转的情况下进行检测及纠错！在没有任何附加信息的情况下，要识别一个错误的量子位，唯一可行的方法似乎就是测量三个已编码量子位各自的输出，统计它们中的多数，并将结果与各自量子位的输出进行比较。就像在经典的基于多数投票的系统中一样，假定只有一个量子位发生了错误。但是这种测量会破坏发送的量子位中的信息。因此，量子错误检测(和纠正)的主要目标是在为了检测接收码字中的错误而检索信息时，防止编码状态的任何变化。

在一个由三个量子位组成的量子系统中，必须在不测量实际值的情况下确定两个量子位是否不同。实践中，这是通过*症状测量*来实现的，症状测量可以从提取的*差错症状*中识别出错误量子位。差错症状会指示是否存在错误并标识错误位置。3 量子位系统的差错症状($s_1 s_0$)是通过比较量子位 1 和量子位 2 的奇偶性，以及比较量子位 2 和量子位 3 的奇偶性来确定的：

$$s_1 = \text{量子位 } 2 \oplus \text{量子位 } 3$$

$$s_0 = \text{量子位 } 1 \oplus \text{量子位 } 2$$

注意，s_1 无须知道量子位 2 或量子位 3 是等于 1 还是 0，只需知道它们的奇偶性即可。同样，s_0 也只需知道量子位 1 和量子位 2 的奇偶性。表 8.2 列出了所有可能的量子位组合的差错症状。

表 8.2 差错症状

s_1	s_0	比特翻转错误
0	0	无
1	0	量子位 1
1	1	量子位 2
0	1	量子位 3

如果量子位 1 和量子位 2 相同，则辅助位 z_1 为 0，如果量子位 2 和量子位 3 相同，则辅助位 z_0 为 0，否则 z_1 和 z_0 都为 1。因此，这两个辅助位实际上就是差错症状 s_1 和 s_0，更重要的是，对这个差错症状的测量不会干扰量子态。

8.4.1 比特翻转纠错

单比特翻转错误的纠错电路如图 8.3 所示[2]。就像在编码电路中一样，该纠错电路中也包含两个辅助量子位，同时使用四个 CNOT 门来检查量子位 1 与量子位 2，以及量子位 2 与量子位 3 之间的奇偶性。这些 CNOT 门的控制位是被编码的量子位，而目标量子位是在接收端引入的两个辅助量子位。一对 CNOT 门用于检查 3 量子位数据的奇偶性。

为了说明纠错电路是如何工作的，假设编码的数据为 $Q_1Q_2Q_3$，进一步假设 F 和 G 分别是第一和第二辅助量子位的输出状态。如图 8.3 所示，

$$F = Q_1 \oplus Q_2, \quad G = Q_2 \oplus Q_3$$

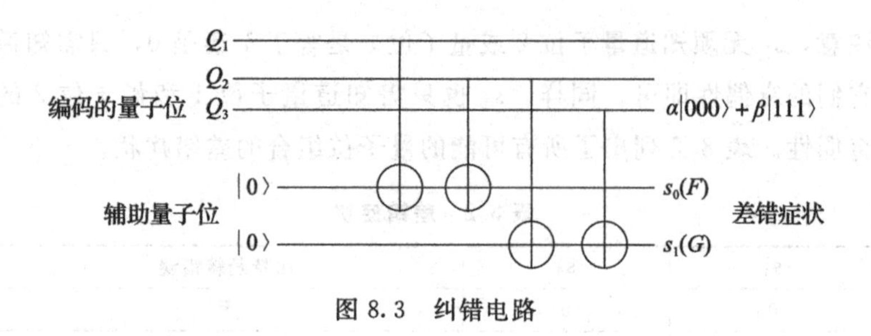

图 8.3 纠错电路

对于数据 $Q_1Q_2Q_3=|100\rangle$，辅助量子位 $|00\rangle$ 将被转换为 $|10\rangle$，因此编码后的数据为

$$(\alpha|100\rangle+\beta|011\rangle)|00\rangle \rightarrow (\alpha|100\rangle+\beta|011\rangle)|10\rangle$$

两个辅助量子位的集合就构成了前面讨论的*差错症状*。

通过对这两个辅助量子位的测量，可以在这三个量子位中找出一个特定的错误量子位，否则如表 8.3 所示，这三个量子位都没有错误。当检测到错误时，为了从错误中恢复，对错误的量子位应用 X 算子。在没有任何错误的情况下，无须更改数据，所以只需应用单位算子 I。由于辅助量子位的症状测量就足以检测和识别单比特翻转错误，因此，可以避免直接测量任何量子位来进行错误检测。

表 8.3 用于单比特翻转错误的辅助量子位测量

状态	辅助量子位	错误
$(\alpha\|000\rangle+\beta\|111\rangle)$	$\|00\rangle$	无
$(\alpha\|100\rangle+\beta\|011\rangle)$	$\|10\rangle$	量子位 1
$(\alpha\|010\rangle+\beta\|101\rangle)$	$\|11\rangle$	量子位 2
$(\alpha\|001\rangle+\beta\|110\rangle)$	$\|01\rangle$	量子位 3

注意，在3量子位系统中，可能有四对状态，每对状态具有完全相同的辅助位，如表8.4所示。

表8.4 用于单比特翻转错误的辅助量子位测量

状态	辅助量子位	错误
$(\alpha\|000\rangle+\beta\|111\rangle)$	$\|00\rangle$	无
$(\alpha\|111\rangle+\beta\|000\rangle)$	$\|00\rangle$	无
$(\alpha\|100\rangle+\beta\|011\rangle)$	$\|10\rangle$	量子位1
$(\alpha\|011\rangle+\beta\|100\rangle)$	$\|10\rangle$	量子位1
$(\alpha\|010\rangle+\beta\|101\rangle)$	$\|11\rangle$	量子位2
$(\alpha\|101\rangle+\beta\|010\rangle)$	$\|11\rangle$	量子位2
$(\alpha\|001\rangle+\beta\|110\rangle)$	$\|01\rangle$	量子位3
$(\alpha\|110\rangle+\beta\|001\rangle)$	$\|01\rangle$	量子位3

症状位生成电路如图8.4所示：症状 s_1 对应于前两个已编码量子位的奇偶校验，而 s_0 对应于后两个量子位的奇偶校验。奇偶校验生成电路由两对CNOT门组成，每对CNOT门充当一个异或门。

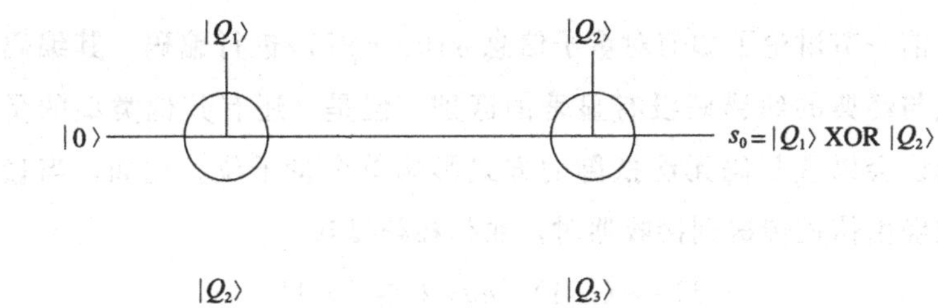

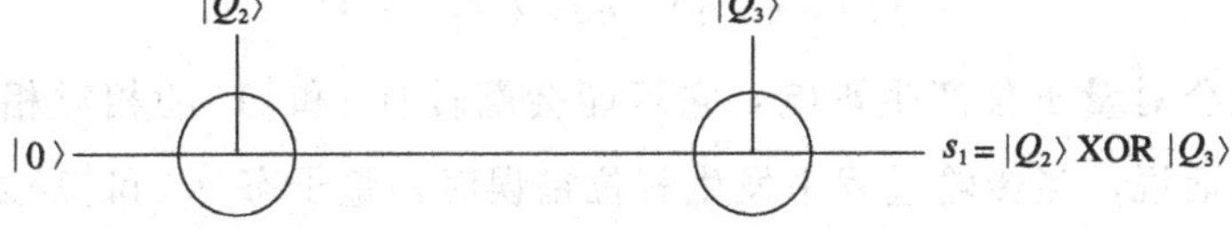

图8.4 奇偶校验生成电路

为了说明如何纠正比特翻转错误，假设纠缠量子比特$|Q_1Q_2Q_3\rangle$的第二个量子比特Q_2上存在比特翻转错误，那么量子位编码$\alpha|000\rangle+\beta|111\rangle$将转换成

$$
\begin{aligned}
(\alpha|000\rangle+\beta|111\rangle)|00\rangle \rightarrow & \alpha|010\rangle|00\rangle+\beta|101\rangle|00\rangle \\
= & \alpha|010\rangle|11\rangle+\beta|101\rangle|11\rangle \\
= & \alpha|101\rangle+\beta|101\rangle|11\rangle
\end{aligned}
$$

则差错症状也会从$|00\rangle$变为$|11\rangle$。

纠错解码过程，即纠正错误的步骤如下：

1. 如果症状为00，则表示没有错误，无须任何操作。

2. 如果症状为01、10或11，那么对应的错误量子位分别为Q_3、Q_1及Q_2。在由症状确认的对应错误量子位上应用X算子。

在本例中，症状为11，因此比特翻转错误发生在量子位Q_2上（或二进制中的11）。这个错误可以通过对第二个量子位应用X算子来纠正。

8.4.2 相位翻转纠错

前一节讨论了如何对量子信息$\alpha|0\rangle+\beta|1\rangle$进行编码，其编码方式与经典的纠错码没有显著的区别。但是，还有其他类型的量子错误会以重复码无法抵御的方式影响单个量子位。比如，当量子位经由信道传送到接收器时，相位翻转错误

$$|k\rangle \rightarrow (-1)^k|k\rangle,\ k\in\{0,1\}$$

可能会对量子位产生影响，它可能会翻转$|0\rangle$和$|1\rangle$的相对相位。换句话说，当传输过程中发生相位错误时，量子态$|0\rangle$和$|1\rangle$之间的符号可以倒转。因此，相位错误可以用Z矩阵来表示：

$$Z=\begin{bmatrix}1 & 0\\0 & -1\end{bmatrix}$$

通过对$|0\rangle$和$|1\rangle$应用相位翻转算子 Z，可以理解相位错误对量子态$|\psi\rangle$的影响：

$$Z|0\rangle=\begin{bmatrix}1 & 0\\0 & -1\end{bmatrix}\begin{bmatrix}1\\0\end{bmatrix}=\begin{bmatrix}1\\0\end{bmatrix}=|0\rangle$$

$$Z|1\rangle=\begin{bmatrix}1 & 0\\0 & -1\end{bmatrix}\begin{bmatrix}0\\1\end{bmatrix}=\begin{bmatrix}0\\-1\end{bmatrix}=-|1\rangle$$

因此有

$$(\alpha|0\rangle+\beta|1\rangle)\rightarrow(\alpha|0\rangle-\beta|1\rangle)$$

显然，如果使用用于比特翻转错误的 3 量子位码是无法纠正这种错误的，因为症状测量得到的是 00，不会进行任何纠错操作。

考虑量子位的两个重要基态$|+\rangle$和$|-\rangle$：

$$|+\rangle=\frac{|0\rangle+|1\rangle}{\sqrt{2}}$$

$$|-\rangle=\frac{|0\rangle-|1\rangle}{\sqrt{2}}$$

算子 Z 可以将$|+\rangle$映射为$|-\rangle$，将$|-\rangle$映射为$|+\rangle$，如下所示：

$$|+\rangle\rightarrow|-\rangle,\quad |-\rangle\rightarrow|+\rangle$$

$$Z|+\rangle=\begin{bmatrix}1 & 0\\0 & -1\end{bmatrix}\left(\frac{|0\rangle+|1\rangle}{\sqrt{2}}\right)$$

$$=\frac{1}{\sqrt{2}}\begin{bmatrix}1 & 0\\0 & -1\end{bmatrix}(|0\rangle+|1\rangle)$$

$$=\frac{1}{\sqrt{2}}(|0\rangle-|1\rangle)=|-\rangle$$

同样，有

$$Z|-\rangle=\begin{bmatrix}1 & 0\\0 & -1\end{bmatrix}\left(\frac{|0\rangle-|1\rangle}{\sqrt{2}}\right)$$

$$=\frac{1}{\sqrt{2}}(|0\rangle+|1\rangle)=|+\rangle$$

因此，相位错误就是将$|+\rangle$映射为$|-\rangle$，将$|-\rangle$映射为$|+\rangle$。

由于$|+\rangle=H(1)$且$|-\rangle=H(0)$，如果将计算基换成哈达玛基，则相位错误就可以转换为比特翻转错误。这个转换可以通过使用 H-Z-H 恒等式来实现：

$$H\text{-}Z\text{-}H=\begin{bmatrix}\frac{1}{\sqrt{2}} & \frac{1}{\sqrt{2}}\\ \frac{1}{\sqrt{2}} & -\frac{1}{\sqrt{2}}\end{bmatrix}\begin{bmatrix}1 & 0\\0 & -1\end{bmatrix}\begin{bmatrix}\frac{1}{\sqrt{2}} & \frac{1}{\sqrt{2}}\\ \frac{1}{\sqrt{2}} & -\frac{1}{\sqrt{2}}\end{bmatrix}$$

$$=\begin{bmatrix}\frac{1}{\sqrt{2}} & -\frac{1}{\sqrt{2}}\\ \frac{1}{\sqrt{2}} & \frac{1}{\sqrt{2}}\end{bmatrix}\begin{bmatrix}\frac{1}{\sqrt{2}} & \frac{1}{\sqrt{2}}\\ \frac{1}{\sqrt{2}} & -\frac{1}{\sqrt{2}}\end{bmatrix}$$

$$=\begin{bmatrix}1 & 0\\0 & -1\end{bmatrix}=X$$

所以，恒等式 H-Z-H 可以将相位翻转错误转换为比特翻转错误 X（注意，以类似的方式，可以使用 H-X-H 恒等式将比特翻转错误转换为相位翻转错误）。由于

$$|+\rangle=\frac{|0\rangle+|1\rangle}{\sqrt{2}}=H(0),\quad |-\rangle=\frac{|0\rangle-|1\rangle}{\sqrt{2}}=H(1)$$

因此，

$$Z|+\rangle=|-\rangle,\quad Z|-\rangle=|+\rangle$$

由于在基$(|+\rangle, |-\rangle)$中，相位翻转错误的行为类似于比特

翻转错误，比特翻转错误的纠错码也可以用于相位翻转纠错，只要改变每个量子位的基。换句话说，如果使用基($|+\rangle$，$|-\rangle$)对量子态 g 进行编码，则可以像比特翻转错误一样对相位错误进行错误检测及纠正，也就是允许使用 3 量子位重复码来纠正单个相位翻转错误。

相位翻转错误的纠错量子电路是通过将单个量子位编码为三个副本得到的，与比特翻转纠错电路类似，

$$\psi = \alpha|000\rangle + \beta|111\rangle$$

然后，对每个量子位应用一个哈达玛门，如图 8.5 所示。哈达玛门会改变计算基，从而使相位翻转错误表现为比特翻转错误：

$$\begin{aligned}|0_L\rangle \rightarrow |000\rangle &= H|0\rangle H|0\rangle H|0\rangle \\ &= \frac{(|0\rangle + |1\rangle)}{\sqrt{2}} \frac{(|0\rangle + |1\rangle)}{\sqrt{2}} \frac{(|0\rangle + |1\rangle)}{\sqrt{2}} \\ &= |+\rangle|+\rangle|+\rangle\end{aligned}$$

和

$$\begin{aligned}|1_L\rangle \rightarrow\rangle |111\rangle &= H|1\rangle H|1\rangle H|1\rangle \\ &= \frac{(|0\rangle - |1\rangle)}{\sqrt{2}} \frac{(|0\rangle - |1\rangle)}{\sqrt{2}} \frac{(|0\rangle - |1\rangle)}{\sqrt{2}} \\ &= |-\rangle|-\rangle|-\rangle\end{aligned}$$

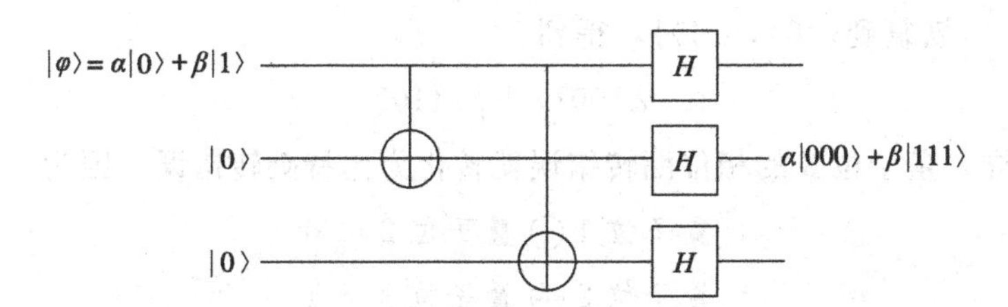

图 8.5 使相位翻转错误表现为比特翻转错误的电路

在基{＋，－}中，相位翻转算子 Z 作为比特翻转算子 X 执行。因此，比特翻转纠错码可用于相位错误。

然后，使用一组三个哈达玛门将基由{|＋⟩，|－⟩}改为原始基，即{|0⟩，|1⟩}，如图 8.6 所示，这样就可以利用比特翻转纠错的方法来恢复相位错误。

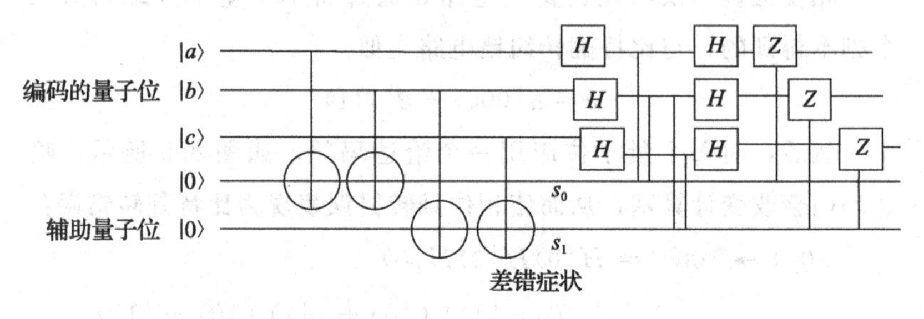

图 8.6　比特翻转错误和相位翻转错误的纠错电路(参考文献[2])

为了说明相位翻转纠错，假设对量子位 3 进行相位翻转。即编码

$$\alpha(|+\rangle|+\rangle|+\rangle)+\beta(|-\rangle|-\rangle|-\rangle)$$

变为

$$\alpha(|+\rangle|+\rangle|-\rangle)+\beta(|-\rangle|-\rangle|+\rangle)$$

然后对所有的三个量子位进行第二次哈达玛变换，将基从{|＋⟩，|－⟩}恢复到{|0⟩，|1⟩}，得到

$$\alpha|001\rangle+\beta|110\rangle$$

这样，量子位 3 的相位翻转错误就转化为比特翻转错误。因为，

$$\text{量子位 }1\oplus\text{量子位 }2=0$$

$$\text{量子位 }2\oplus\text{量子位 }3=1$$

对于|001⟩和|110⟩，辅助的量子位(即差错症状)将会翻转到 01，

据此可以识别出量子位 3 就是那个在传输过程中发生相位翻转错误的量子位。该错误可以通过对量子位 3 应用 X 算子来纠正。

8.5 肖尔的 9 量子位码

这种码为每个逻辑位使用 9 个量子位，可以纠正一个量子位上的 X(比特翻转)、Z(相位翻转)错误或两者的组合($Y=ZX$)。它基于多数表决的概念，假设只存在一个错误的量子位。目前已经证明，一个既能纠正比特翻转错误又能纠正相位翻转错误的量子码，可以纠正单量子位上的任意错误[4,5]。

肖尔码基于 3 量子位重复码，将一个逻辑量子位编码成三个物理量子位，

$$|0_L\rangle \rightarrow |000\rangle, \quad |1_L\rangle \rightarrow |111\rangle$$

然后，按照如下顺序用两个独立的步骤对一个物理量子位进行编码。

1. 对量子位状态(如下所示)进行相位编码以防止相位翻转错误。

$$|\psi\rangle = \alpha|0\rangle + \beta|1\rangle$$

如前所示，相位翻转错误类似于基$\{|+\rangle, |-\rangle\}$下的比特翻转错误，因此可以将量子位状态编码为

$$|\psi\rangle = \alpha|+\rangle + \beta|-\rangle$$

由于量子位状态是在 3 量子位重复码中编码的，所以对一个量子位进行如下编码就可以有效地防止相位翻转错误：

$$|0\rangle_L = |+++\rangle, \quad |1\rangle_L = |---\rangle$$

因此，有

$$\psi = \alpha|+\rangle + \beta|-\rangle = \alpha|+++\rangle + \beta|---\rangle$$

2. 接下来，对生成的三个量子位进行编码，以保护每个量子位不受比特翻转错误的影响。

图 8.7 展示了编码电路。第一组 CNOT 门(左侧)与辅助位 $|0\rangle$ 一起将量子态

$$|\psi\rangle = \alpha|0\rangle + \beta|1\rangle$$

转换为

$$|\psi\rangle = \alpha|000\rangle + \beta|111\rangle$$

然后，哈达玛门将该状态转换为

$$\alpha\left[\frac{1}{\sqrt{2}}(|000\rangle + |111\rangle) \cdot \frac{1}{\sqrt{2}}(|000\rangle + |111\rangle) \cdot \frac{1}{\sqrt{2}}(|000\rangle + |111\rangle)\right]$$

$$+\beta\left[\frac{1}{\sqrt{2}}(|000\rangle - |111\rangle) \cdot \frac{1}{\sqrt{2}}(|000\rangle - |111\rangle) \cdot \frac{1}{\sqrt{2}}(|000\rangle - |111\rangle)\right]$$

如图 8.7 所示，哈达玛门的每个输出驱动一对 CNOT 门的控制输入，CNOT 门的其他输入为 $|0\rangle$。

电路的最终输出显示单个量子位状态 $\alpha|0\rangle + \beta|1\rangle$ 被映射成 9 个量子位的乘积，即 3 量子位重复码的扩展：

$$\alpha|0\rangle + \beta|1\rangle \rightarrow$$

$$\frac{\alpha(|000\rangle + |111\rangle)(|000\rangle + |111\rangle)(|000\rangle + |111\rangle) + \beta(|000\rangle - |111\rangle)(|000\rangle - |111\rangle)(|000\rangle - |111\rangle)}{2\sqrt{2}}$$

$$= \frac{\alpha(|000\rangle + |111\rangle)^{\otimes 3} - \beta(|000\rangle - |111\rangle)^{\otimes 3}}{2\sqrt{2}}$$

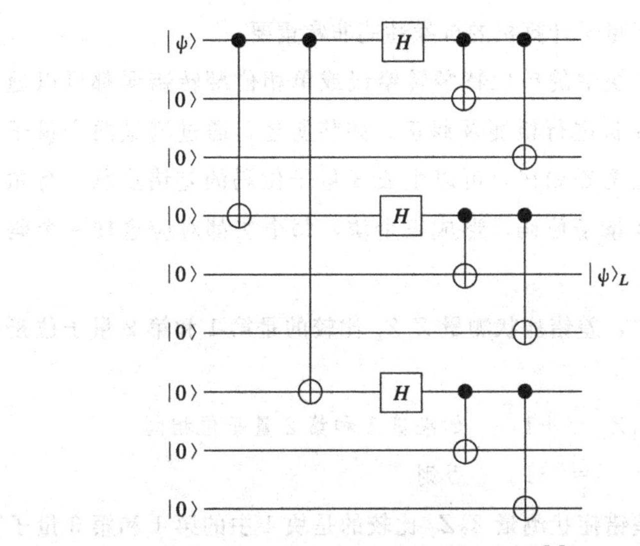

图 8.7　9 量子位码的编码电路[2]

这种码的基态被编码为

$$|0\rangle_L = \frac{(|000\rangle + |111\rangle)(|000\rangle + |111\rangle)(|000\rangle + |111\rangle)}{2\sqrt{2}}$$

$$|1\rangle_L = \frac{(|000\rangle - |111\rangle)(|000\rangle - |111\rangle)(|000\rangle - |111\rangle)}{2\sqrt{2}}$$

第 1、4 和 7 个量子位用于相位翻转码，而所有三个量子位块，即(1，2，3)、(4，5，6)和(7，8，9)用于比特翻转码。因此，总的编码状态由三个块组成，每个块包含三个量子位：

| 1 2 3 | | 4 5 6 | | 7 8 9 |

注意，所有 9 量子位码字都具有相位翻转码的结构，但在每种情况下其中的($|0\rangle \pm |1\rangle$)部分都被($|000\rangle \pm |111\rangle$)所取代，即比特翻转码。这类把一个码嵌套到另一个码中的编码被称为串联编码。

这个概念对于量子计算机的抗噪性能非常重要。

任意一个块中的单比特翻转错误或单相位翻转错误都可以通过使用差错症状进行检测及纠正。如前所述，通过测量两个量子位在标准基上是否相同，可以生成 3 量子位码的差错症状。肖尔码中有三个 3 量子位码，形成三个块，每个块都对应这样一个码的编码[6]。

在块 1 中，差错症状测量 Z_1Z_2 比较的是第 1 和第 2 量子位是否相同，

$Z_1Z_2=+1$　　如果第 1 和第 2 量子位相同

$=-1$　　否则

同样，差错症状测量 Z_2Z_3 比较的是块 1 中的第 1 和第 3 量子位是否相同，

$Z_2Z_3=+1$　　如果第 1 和第 3 量子位相同

$=-1$　　否则

从测量结果的所有可能组合中，可以确定块 1 中是否存在量子位翻转错误及其位置：

$Z_1Z_2=+1\quad Z_2Z_3=+1$　　无错误

$Z_1Z_2=-1\quad Z_2Z_3=+1$　　第 1 量子位翻转

$Z_1Z_2=-1\quad Z_2Z_3=-1$　　第 2 量子位翻转

$Z_1Z_2=+1\quad Z_2Z_3=-1$　　第 3 量子位翻转

在块 2 的差错症状测量中，Z_4Z_5 比较的是第 4 和第 5 量子位的值，Z_5Z_6 比较的是第 5 和第 6 量子位的值，得到

$Z_4Z_5=+1\quad Z_5Z_6=+1$　　无错误

$Z_4Z_5=-1\quad Z_5Z_6=+1$　　第 4 量子位翻转

$$Z_4Z_5=-1 \quad Z_5Z_6=-1 \qquad \text{第 5 量子位翻转}$$

$$Z_4Z_5=+1 \quad Z_5Z_6=-1 \qquad \text{第 6 量子位翻转}$$

最后，在块 3 的差错症状测量中，Z_7Z_8 比较的是第 7 和第 8 量子位的值，Z_8Z_9 比较的是第 8 和第 9 量子位的值，得到

$$Z_7Z_8=+1 \quad Z_8Z_9=+1 \qquad \text{无错误}$$

$$Z_7Z_8=-1 \quad Z_8Z_9=+1 \qquad \text{第 7 量子位翻转}$$

$$Z_7Z_8=-1 \quad Z_8Z_9=-1 \qquad \text{第 8 量子位翻转}$$

$$Z_7Z_8=+1 \quad Z_8Z_9=-1 \qquad \text{第 9 量子位翻转}$$

为了演示肖尔 9 位码的应用，假设一个量子位 $\alpha|0\rangle+\beta|1\rangle$ 被编码为 $\alpha|000\rangle+\beta|111\rangle$，三个量子位通过一个通道发送，每次发送一个。

假设第 7 量子位发生比特翻转错误(如下粗体所示)：

$$\frac{\alpha(|000\rangle+|111\rangle)(|000\rangle+|111\rangle)(|\mathbf{1}00\rangle+|\mathbf{0}11\rangle) + \beta(|000\rangle-|111\rangle)(|000\rangle-|111\rangle)(|\mathbf{0}00\rangle-|\mathbf{1}11\rangle)}{2\sqrt{2}}$$

那么这三个块中的量子位就是

块	1	2	3
	000	000	000

差错症状测量可以从三个量子位块中获得，通过比较块 1、块 2、块 3 中对应的量子位，得到了以下六个值：

Z_1Z_2	Z_2Z_3	Z_4Z_5	Z_5Z_6	Z_7Z_8	Z_8Z_9
+1	+1	+1	+1	−1	+1

很明显，比特翻转错误发生在第 7 个量子位，即块 3 的第一个

量子位。然后，对第 7 个量子位应用 X 算子就可以恢复其原始状态。

参考文献

1. Jeremy Hsu, IBM shows first full error detection for quantum computers. IEEE Spectrum, April 29, 2015.
2. Simon J. Devitt, William J. Munro and Kae Nemoto, Quantum Error Correction for Beginners, arXiv:0905.2794v4 [quant ph] 21 June, 2013.
3. John Watrous, CPSC 519/619: Quantum Computation Lecture 16: Quantum error correction. University of Calgary, 2006.
4. A. R. Calderbank and Peter W, Shor, Good quantum error-correcting codes exist, *Phys. Rev. A*, 54:1098–1105, 1996. quant-ph/9512032.
5. Andrew M. Steane, Multiple particle inference and quantum error correction, *Proc. Roy. Soc. A.*, 452:2551, May 1996. quant-ph/9601029.
6. Michael Nielsen and Issac Chuang, *Quantum Computation and Quantum Information*, Cambridge University Press, 2000.

第9章

量 子 算 法

量子计算机利用量子系统的独特特性，可以在极短的时间内处理大量的数据。显然，这种计算能力在数学、密码学以及量子系统本身的模拟中都有潜在的应用价值。这些算法的一个基本特征是，允许量子计算机同时计算函数 $f(x)$对应不同 x 的函数值。

9.1 多伊奇算法

多伊奇算法并不能解决任何计算机科学中特别重要的问题，但它第一次证明了在某些情况下量子计算机比传统计算机快得多[1,3,7,8]。对一个特定问题，多伊奇算法只需一步就能解决这个问题，而传统的方法通常需要两步。

考虑一个将{0，1}映射到{0，1}的函数 f。如果已知 $f(x)$要么是常量函数(对于 x 的所有值，函数 $f(x)$的值为 0 或 1)，要么是平衡函数(对于所有可能的 x 的一半，函数 $f(x)$的值为 0，另一半为 1)，那么问题就是确定该函数到底是哪种类型。所有可能的函数映射如图 9.1 所示。

假设这个函数是黑盒(又称为 oracle)实现的。那么，获得该函数信息的唯一方法就是直接输入一个确定的 $x \in \{0, 1\}$，然后检查输出 $f(x) \in \{0, 1\}$。

$f(x)$	$f(x)$
$0 \to 0$	$1 \to 0$
$1 \to 0$	$0 \to 1$
$0 \to 1$	$1 \to 1$
$1 \to 1$	$0 \to 0$

图 9.1　函数从{0, 1}到{0, 1}的所有可能的映射

如果用经典计算机来确定 f 到底是平衡的还是常量的，那么计算机需要分别计算 $x=0$ 和 $x=1$ 时的函数值，然后比较两个输出，确认 $f(x=0)$是否确实等于 $f(x=1)$。注意在图 9.1 的左栏中，函数 f 为输入生成了一个常量结果 0 或 1，因此 f 是一个常量函数。而在右栏中，函数 f 为一半输入生成结果 0，为另一半输入生成结果 1，在这种情况下，f 就是一个平衡函数。

多伊奇算法计算函数值的方式比较特别：同时确定 $x=0$ 和 $x=1$ 的 f 值，而不是分别检查 $f(0)$和 $f(1)$的值。当 $f(x=0) \oplus f(x=1)=1$ 时，即使此时无法确定实际的 f 值，函数 $f(x)$也是平衡的。而当 $f(x=0)=f(x=1)$时，函数 $f(x)$是一个常量函数。因此，只要确定 $f(x=0) \oplus f(x=1)=1$ 是否成立，就可以回答 f 是常量函数还是平衡函数的问题。图 9.2 所示为多伊奇算法的量子电路。

使用双量子位量子寄存器 $|xy\rangle$ 和一个酉变换运算 U_f，先将给定的函数 $f(x)$转换为 $|x, y \oplus f(x)\rangle$，

$$U_f(|x\rangle|y\rangle) = |x\rangle|y \oplus f(x)\rangle$$

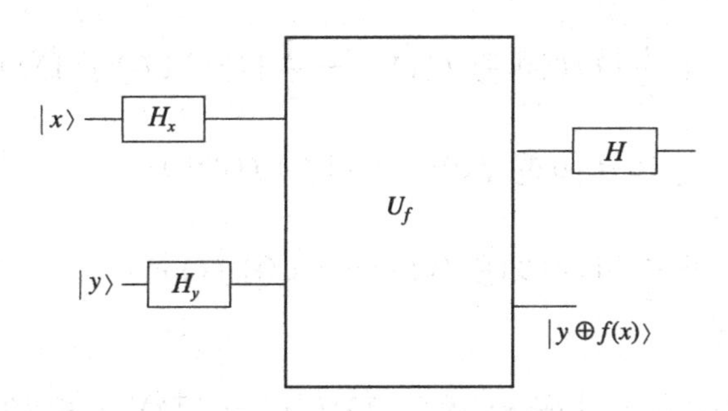

图 9.2　多伊奇算法的量子电路

如果函数作用于 x，即 $f(x)=1$，则 U_f 能保持第 1 个量子位 x 不变，第 2 个量子位 y 反转，否则 x 和 y 均保持不变。算法描述中我们假设用(00)表示两个量子位都为 0，01、10 和 11 也是类似的含义，它们都表示 $f(x)$ 的两个可能的输入，并且可以叠加使用。例如，如果量子寄存器是在状态(01)下准备的，则状态(01)被传送给 $f(x)$，这是通过将 $|x\rangle$ 和 $|y\rangle$ 分别传递给哈达玛门 H_x 和 H_y 来实现的，如图 9.2 所示。H_x 对 $|x\rangle$ 进行变换，即将 $|0\rangle$ 变换成 $\frac{1}{\sqrt{2}}(|0\rangle+|1\rangle)$，$H_y$ 对 $|y\rangle$ 进行变换，即将 $|1\rangle$ 变换成 $\frac{1}{\sqrt{2}}(|0\rangle-|1\rangle)$，那么 U_f 的双量子位输入为

$$\frac{1}{\sqrt{2}}(|0\rangle+|1\rangle)\cdot\frac{1}{\sqrt{2}}(|0\rangle-|1\rangle)$$
$$=\frac{1}{2}[|00\rangle-|01\rangle+|10\rangle-|11\rangle]$$

然后将上述结果通过图 9.2 所示的 U_f 变换，

$$\frac{1}{2}|0\rangle(|0\oplus f(0)\rangle)-\frac{1}{2}|0\rangle(|1\oplus f(0)\rangle)$$

$$+\frac{1}{2}|1\rangle(|0\oplus f(1)\rangle)-\frac{1}{2}|1\rangle(|1\oplus f(1)\rangle)$$

$$=\frac{1}{2}|0\rangle(|0\oplus f(0)\rangle-|1\oplus f(0)\rangle)$$

$$+\frac{1}{2}|1\rangle(|0\oplus f(1)\rangle-|1\oplus f(1)\rangle)$$

使用公式[3]

$$|0\oplus\alpha\rangle-|1\oplus\alpha\rangle=(-1)^{\alpha}(|0\rangle-|1\rangle),\ \alpha\in\{0,1\}$$

可以将上面的式子表示为

$$\frac{1}{2}|0\rangle(-1)^{f(0)}(|0\rangle-|1\rangle)+\frac{1}{2}|1\rangle(-1)^{f(1)}(|0\rangle-|1\rangle)$$

$$=\frac{1}{\sqrt{2}}[(-1)^{f(0)}|0\rangle+(-1)^{f(1)}|1\rangle]\cdot\frac{1}{\sqrt{2}}(|0\rangle-|1\rangle)$$

注意，第二个量子位没有被 U_f 变换改变。因此，第二个量子位的输出可以被丢弃。第一个量子位的状态保持不变：

$$\frac{1}{\sqrt{2}}[(-1)^{f(0)}|0\rangle+(-1)^{f(1)}|1\rangle]$$

基于[3]

$$(-1)^{f(0)}(-1)^{f(1)}=(-1)^{f(0)\oplus f(1)}$$

上式又可以写为

$$(-1)^{f(0)}\left[\frac{1}{\sqrt{2}}|0\rangle+\frac{1}{\sqrt{2}}(-1)^{f(0)\oplus f(1)}|1\rangle\right]$$

输出 x 处的哈达玛门将状态转换为

$$(-1)^{f(0)}|0\rangle$$

如果 $f(0)\oplus f(1)=1$，即 f 是一个平衡函数，那么第一个量子位的状态就为

$$\left[(-1)^{f(0)}\ \frac{|0\rangle-|1\rangle}{\sqrt{2}}\right]$$

因此输出 x 处的哈达玛门将状态转换为

$$(-1)^{f(0)}|1\rangle$$

最后的哈达玛门的结果为

$$(-1)^{f(0)}|f(0)\oplus f(1)\rangle$$

这意味着输出 x 处的第一个量子位提供了 $f(0)\oplus f(1)\rangle$ 的值，从而指示函数是常量的还是平衡的。

9.2 多伊奇-乔兹萨算法

多伊奇算法在 $f:(0,1)\rightarrow(0,1)$ 的简单情况下只能处理一个输入比特。而多伊奇-乔兹萨算法可以处理 n 个比特的情况 $f:(0,1)^n\rightarrow(0,1)$，是一个更泛化的算法。假设有一个 2 比特函数 $(0,1)^2\rightarrow(0,1)$，且一开始就知道这个函数是下面所示的 4 个函数中的一个，问题是要确定这个函数到底是哪一个[2,3,8,9]。

输入	输出	输入	输出	输入	输出	输入	输出
00	1	00	0	00	0	00	0
01	0	01	1	01	0	01	0
10	0	10	0	10	1	10	0
11	0	11	0	11	0	11	1

最糟糕的情况是，这个函数(在黑盒子中)需要被调用 $2^{n-1}+1$ 次才能确认它是平衡函数还是常量函数。多伊奇和乔兹萨提出了一种算法，只需一次查询就可以 100%准确地回答这个问题[2]。

多伊奇-乔兹萨算法使用两个量子寄存器 x 和 y，x 有 n 个量子位，y 只有 1 个量子位。图 9.3 所示为多伊奇-乔兹萨算法的量子电路。从图中可以看出，输入量子位的总数，即寄存器 x 和 y

中量子位的总和是($n+1$)。将寄存器 x 中的 n 个量子位初始化为 $|0\rangle$，寄存器 y 中的 1 个量子位初始化为 $|1\rangle$。因此，最初电路的量子态为 $|0\rangle^{\otimes n}|1\rangle$，

$$
\begin{aligned}
|\psi_0\rangle &= |0\rangle\cdots|0\rangle|1\rangle \\
&= |0\rangle^{\otimes n}|1\rangle
\end{aligned}
$$

其中 $|0\rangle^{\otimes n}$ 表示 n 个连续的 $|0\rangle$ 量子位。

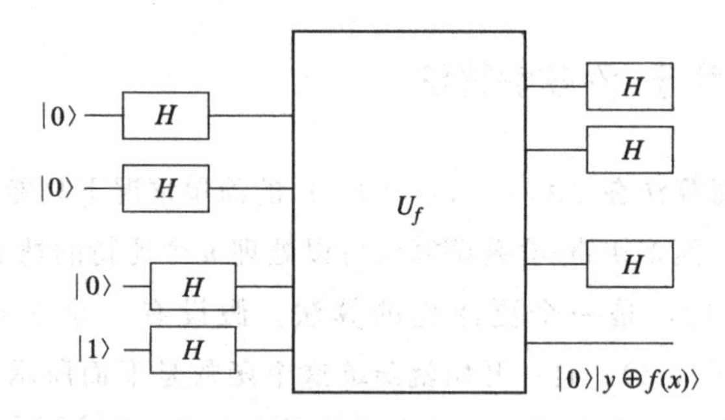

图 9.3　多伊奇-乔兹萨算法的量子电路

接下来，对寄存器 x 和 y 中的每个量子位分别应用哈达玛变换 H，得到($n+1$)个 1 量子位哈达玛门的张量积(并行处理)。例如，假设寄存器初始化为 $|0\rangle$，两个量子位寄存器中每个量子位的哈达玛变换可以表示为

$$
\begin{aligned}
&H|0\rangle \otimes H|0\rangle \\
&=\left(\frac{1}{\sqrt{2}}(|0\rangle+|1\rangle)\right)\otimes\left(\frac{1}{\sqrt{2}}(|0\rangle+|1\rangle)\right)
\end{aligned}
$$

类似地，对一个初始状态为 $|0\rangle$ 的 n 量子位寄存器进行哈达玛变换，可以得到

$$
\left(\frac{1}{\sqrt{2}}(|0\rangle+|1\rangle)\right)\otimes\left(\frac{1}{\sqrt{2}}(|0\rangle+|1\rangle)\right)\otimes\cdots\otimes\left(\frac{1}{\sqrt{2}}(|0\rangle+|1\rangle)\right)
$$

展开张量积，上述结果可以表示为

$$\sum_{x\in(0,1)^n}\frac{1}{\sqrt{2^n}}|x\rangle$$

其中$(0，1)^n$ 表示大小为 n 的所有可能的位串。例如，如果 $n=2$，那就是 00、01、10 和 11。因此，1 量子位的哈达玛门作用于全 0 的 n 量子位状态，得到 2^n 个项的和，每一项都是唯一的$(0，1)^n$ 字符串，且每项的振幅都是$\frac{1}{\sqrt{2^n}}$。

对初始化为$|1\rangle$的 1 量子位寄存器应用哈达玛变换将得到

$$H|1\rangle=\frac{1}{\sqrt{2}}|0\rangle-\frac{1}{\sqrt{2}}|1\rangle$$

因此在多伊奇-乔兹萨算法中，经过第一次哈达玛变换后的$(n+1)$量子位寄存器的量子态$|\psi_1\rangle$为

$$\begin{aligned}|\psi_1\rangle&=H^{\otimes n}|0\rangle^{\otimes n}H|1\rangle\\&=\sum_{x\in(0,1)^n}\frac{1}{\sqrt{2^n}}|x\rangle\left(\frac{|0\rangle-|1\rangle}{\sqrt{2}}\right)\end{aligned}$$

接下来对$|\psi_1\rangle$进行 U_f 运算，将其转化为

$$|\psi_2\rangle=\sum_{x\in(0,1)^n}\frac{1}{\sqrt{2^n}}|x\rangle\left(\frac{|0\oplus f(x)\rangle-|1\oplus f(x)\rangle}{\sqrt{2}}\right)$$

当 $f(x)=0$ 时，

$$|\psi_2\rangle=\sum_{x\in(0,1)^n}\frac{1}{\sqrt{2^n}}|x\rangle\left(\frac{|0\rangle-|1\rangle}{\sqrt{2}}\right)$$

当 $f(x)=1$ 时，

$$|\psi_2\rangle=\sum_{x\in(0,1)^n}\frac{1}{\sqrt{2^n}}|x\rangle\left(\frac{|1\rangle-|0\rangle}{\sqrt{2}}\right)$$

将两种情况都考虑在内，可以将$|\psi_2\rangle$写为如下形式：

$$|\psi_2\rangle = \sum_{x\in(0,1)^n} \frac{(-1)^{f(x)}}{\sqrt{2^n}}|x\rangle$$

与多伊奇算法一样，最后一个量子位在此时被丢弃，接着对剩余的每个量子位应用一次哈达玛变换。

最后一组哈达玛门作用于 n 量子位状态 $|x\rangle=|x_1\rangle|x_2\rangle\cdots|x_n\rangle$，得到

$$\begin{aligned}
H^{\otimes n}|x\rangle &= H|x_1\rangle \otimes H|x_2\rangle \otimes H|x_3\rangle \otimes \cdots \otimes H|x_n\rangle \\
&= \frac{1}{\sqrt{2^n}} \sum_{y\in(0,1)} (-1)^{x_1\cdot y_1}|y_1\rangle \cdots \sum_{y\in(0,1)} (-1)^{x_n\cdot y_n}|y_n\rangle \\
&= \frac{1}{\sqrt{2^n}} \sum_{y\in(0,1)^n} (-1)^{x_1\cdot y_1+\cdots+x_n\cdot y_n}|y\rangle \\
&= \frac{1}{\sqrt{2^n}} \sum_{y\in(0,1)^n} (-1)^{x\cdot y}|y\rangle
\end{aligned}$$

其中 $x\cdot y$ 就是 $\sum_{i=1}^{n} x_i y_i$。

最后的哈达玛变换完成之后，状态变为

$$\begin{aligned}
|\psi_3\rangle &= |\psi_2\rangle \cdot H^{\otimes n} \\
&= \frac{1}{\sqrt{2^n}} \sum_{x\in(0,\ 1)^n} (-1)^{f(x)} \frac{1}{\sqrt{2^n}} \sum_{y\in(0,\ 1)^n} (-1)^{x\cdot y}|y\rangle \\
&= \frac{1}{\sqrt{2^n}} \sum_{x\in(0,\ 1)^n} (-1)^{f(x)} \frac{1}{\sqrt{2^n}} \sum_{y\in(0,\ 1)^n} (-1)^{x\cdot y}|y\rangle \\
&= \frac{1}{2^n} \sum_{x\in(0,\ 1)^n} \sum_{y\in(0,\ 1)^n} (-1)^{f(x)+xy}|y\rangle
\end{aligned}$$

这意味着，如果在测量 n 量子位寄存器时能以概率 1 得到

$|00\cdots0\rangle$，那么函数 $f(x)$为常量函数，否则函数 $f(x)$为平衡函数。

9.3 格罗弗搜索算法

格罗弗算法对一个包含 N 个元素的非结构化无序数据库执行搜索，以访问特定元素[4,5,6]。在经典计算模型中，可以通过检查数据库中的每个元素来找到所需的元素。在最糟糕的情况下，搜索的时间复杂度为 $O(N)$。格罗弗提出了一种算法，该算法利用量子系统的性质可以在一组 N 个元素(x_1，x_2，…，x_n)中找到标记的元素，即感兴趣的元素 x^*，搜索时间复杂度仅为 $O(\sqrt{N})$。

数据库中所有的 N 个元素被同时编码为 n 个量子位，其中 n 是表示搜索空间 $2^n=N$ 所需的量子位个数。数据库中各元素被标记为唯一的 n 位布尔字符串$\{0,1\}^n$，而不是 1 到 N 的索引。比如，两个量子位有四种可能的组合。这四个值是通过把两个量子位置于叠加态$\frac{1}{\sqrt{2}}(|0\rangle+|1\rangle)$，并取它们的张量积得到的，

$$\begin{aligned}&\frac{1}{\sqrt{2}}(|0\rangle+|1\rangle)\otimes\frac{1}{\sqrt{2}}(|0\rangle+|1\rangle)\\&=\frac{1}{2}|00\rangle+\frac{1}{2}|01\rangle+\frac{1}{2}|10\rangle+\frac{1}{2}|11\rangle\end{aligned}$$

格罗弗算法首先准备一个所有位均初始化为$|0\rangle$的 n 位量子寄存器，

$$|0^{\otimes n}\rangle=|0\rangle$$

第一步是使用哈达玛门将系统状态变换为所有状态的均匀叠加态，

$$|\psi\rangle=H^{\otimes n}|0\rangle^{\otimes n}=\frac{1}{\sqrt{2^n}}\sum_{x=0}^{2^{n-1}}|x\rangle$$

接下来对叠加态进行 R 次变换，称为格罗弗迭代，其中

$$R=\frac{\pi}{4}\sqrt{2^n}$$

格罗弗迭代的第一步是调用量子 oracle O，它可以观察和修改系统，而不会使系统坍塌至经典状态

$$|x\rangle \xrightarrow{O} (-1)^{f(x)}|x\rangle$$

其中，如果搜索的是 x，则 $f(x)=1$，否则为 0。

然后进行选择性相位反转，即转换搜索状态振幅的符号。在本例中，搜索的状态是第四种状态。

最后，执行均值反转运算，增加前一步反转的状态的振幅。

9.3.1 格罗弗算法的细节

该算法从一个包含 n 个量子位的量子寄存器开始，其中 n 表示大小为 $2^n=N$ 的搜索空间所需的量子位数量，首先将所有量子位初始化为 $|0\rangle$，

$$|0\rangle^{\otimes n}=|0\rangle$$

然后通过对量子位应用哈达玛变换 H，将系统置于所有状态的均匀叠加态。在一个有 n 个量子位的系统中，需要分别应用 n 个哈达玛变换来实现各个状态的叠加：

$$\begin{aligned}
&H|0\rangle\otimes H|0\rangle\otimes\cdots\otimes H|0\rangle\\
&=(H\otimes H\otimes\cdots\otimes H)|00\cdots0\rangle\\
&=\frac{1}{\sqrt{2^n}}(|0\rangle+|1\rangle)\otimes(|0\rangle+|1\rangle)\otimes\cdots\otimes(|0\rangle+|1\rangle)\\
&=\frac{1}{\sqrt{2^n}}(|00\cdots00\rangle+|00\cdots01\rangle+|00\cdots11\rangle+\cdots+|11\cdots11\rangle)
\end{aligned}$$

它表示用二进制记数法表示的从 0 到 2^n-1 之间的十进制数之和，即

$$\frac{1}{\sqrt{2^n}}\sum_{n=0}^{2^n-1}|x\rangle$$

这个变换使得系统中每一种可能的量子位配置的振幅均为 $\frac{1}{\sqrt{2^n}}$，因此，可以是 n 种可能状态中的任意一种，其概率均为 $\frac{1}{\sqrt{2^n}}$。

如前所述，格罗弗算法需要一个可以将输入 $(0,1)^n$ 映射到 $(0,1)$ 的 oracle。这个 oracle 可以被认为是一个黑盒，也就是说，它的工作细节并不重要。对 n 位输入，与 oracle 对应的门生成 1 位输出。由于这个 oracle 既不是酉的也不可逆，所以它不是一个有效的量子门。一个可能的解决办法是为输出添加额外的位 c，c 被称为辅助位。如果 $f(x)=0$，则保持辅助量子位不变；如果 $f(x)=1$，则翻转辅助位的相位。但是，当 $f(x)=1$ 时，可以通过翻转输入来避免引入额外的位，如下面的门所示：

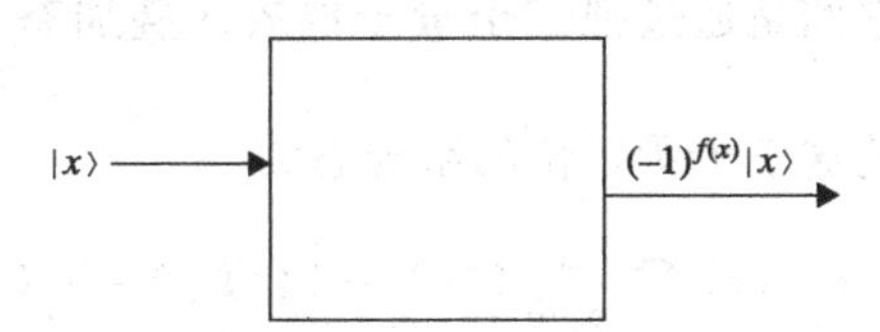

$$f(x)=(-1)^{f(x)}|x\rangle=\begin{cases}1, & f(x)=0\\ -|x\rangle, & f(x)=1\end{cases}$$

然后，由 oracle 门查询这个利用哈达玛门获得的均匀叠加态，

该门会翻转 x^* 项的振幅，其他项保持不变。接下来，通过引入一个新的门来增加 x^* 的振幅，这个门的作用等效于格罗弗扩散算子 D_f，如下图所示：

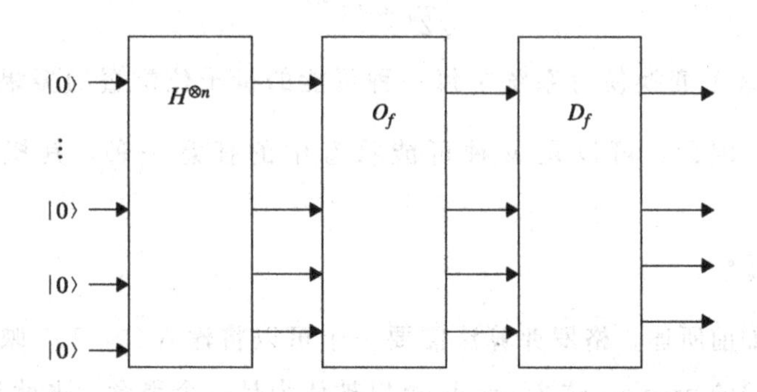

举个例子，考虑一个由 $N=8=2^3$ 个状态组成的系统[5,6]。假定待搜索的状态 x^* 由位串 100 表示。

系统可以用 3 个量子位来表示，$n=3$。假设三个量子位对应的叠加态 $|x\rangle$ 为

$$|x\rangle = \alpha_0|000\rangle + \alpha_1|001\rangle + \alpha_2|010\rangle + \cdots + \alpha_7|111\rangle$$

其中 α_i 是状态 $|i\rangle$ 的振幅。三个量子位的组合可以用数字 0 到 7 的二进制表示，它们是通过把三个量子位放入叠加态 $\frac{1}{\sqrt{2}}(|0\rangle+|1\rangle)$ 而得到的，因此这三个量子位的组合态为

$$\frac{1}{2\sqrt{2}}(|0\rangle+|1\rangle)\otimes\frac{1}{2\sqrt{2}}(|0\rangle+|1\rangle)\otimes\frac{1}{2\sqrt{2}}(|0\rangle+|1\rangle)$$

$$=\frac{1}{2\sqrt{2}}|000\rangle+\frac{1}{2\sqrt{2}}|001\rangle\cdots\frac{1}{2\sqrt{2}}|111\rangle$$

由于每个状态的振幅都是 $\frac{1}{2\sqrt{2}}$，联合概率为 $\left(\frac{1}{2\sqrt{2}}\right)^2=\frac{1}{8}$，因

此，测量这八种状态之一的总概率为 $8\cdot\frac{1}{8}=1$。

如下图所示，用垂直于轴的线来表示振幅，线的长度与它所代表的振幅大小成正比。比如，由第一次哈达玛变换得到的均匀叠加态如下：

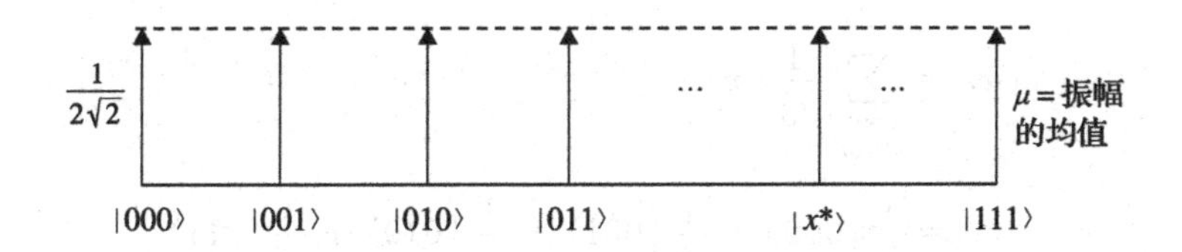

状态(位串)被标记为{000，001，…，111}，x^* 为未知标记状态。所有 n 位串的振幅都是相同的，这表明 x^* 在这个阶段无法与其他位串区分开来。

然后，将叠加态输送至 oracle O_f。如果 $f(x)=1$，那么 $|x\rangle$ 就是要查询的状态，量子位选择用相位因子 -1 做标识；但如果 $f(x)=0$，则保持状态不变：

$$f(x)=\begin{cases}1\text{，}x\text{ 是要查询的元素}(x^*)\\0\text{，否则}\end{cases}$$

假设在这种状态下应用 oracle O_f 会使状态 100 的振幅翻转(在图中表示为 x^*)，但是其他的都保持不变，结果如下：

$$-\frac{1}{\sqrt{N}}|x^*\rangle+\sum_{\substack{x=0\\x\neq x^*}}\frac{1}{\sqrt{N}}|x\rangle$$

注意，叠加态中的 $|100\rangle$ 的相位反转为 $-|100\rangle$，对应下图中箭头向下的线：

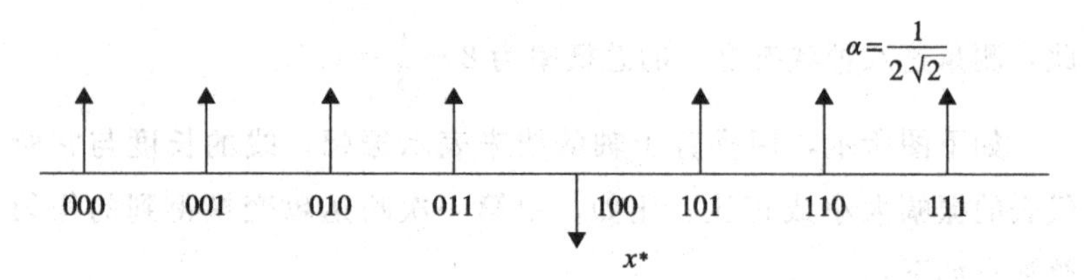

定义$|u\rangle$如下：

$$|u\rangle=\sum_{\substack{x=0,\\x\neq 100}}^{7}\frac{1}{\sqrt{8}}|x\rangle$$

$$=\frac{1}{\sqrt{8}}|000\rangle+\frac{1}{\sqrt{8}}|001\rangle+\frac{1}{\sqrt{8}}|010\rangle+\frac{1}{\sqrt{8}}|011\rangle$$

$$+\frac{1}{\sqrt{8}}|101\rangle+\frac{1}{\sqrt{8}}|110\rangle+\frac{1}{\sqrt{8}}|111\rangle$$

因此，u是所有振幅等于$1/\sqrt{N}$的基态的叠加，那么$|\psi\rangle$就可以表示为

$$|\psi\rangle=|u\rangle+\frac{1}{2\sqrt{2}}|100\rangle$$

接下来，对这个状态应用前面已经定义的 oracle，结果如下：

$$|\psi_1\rangle=|u\rangle-\frac{1}{2\sqrt{2}}|100\rangle$$

翻转叠加态中的$|100\rangle$的相位，对应下图箭头向下的线，其余则不变：

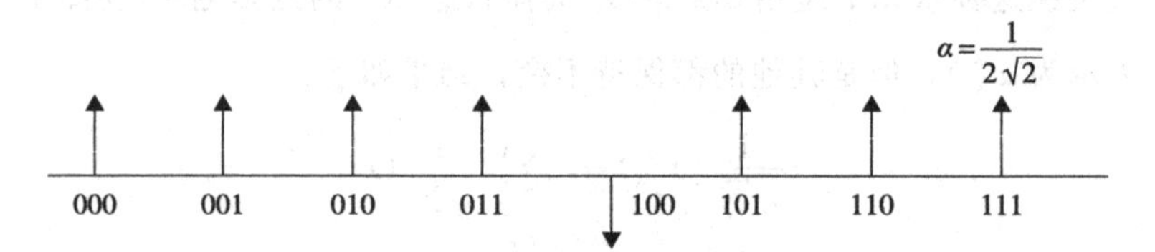

尽管利用 oracle 可以识别出标记的状态，因为标记状态与其他状态的相位不同，但是由于所有状态的振幅都是相同的，所以无法将其与其他状态区分开来。接下来，使用一个称为扩散变换

的附加运算，该运算通过振幅与平均值的差值来增加振幅，如果差值为负，则减小振幅。通过改变未标记状态的振幅，可以更容易地测量最终状态，并以非常高的概率给出正确的结果。

对$|\psi_1\rangle$应用扩散算子，得到

$$
\begin{aligned}
|\psi_2\rangle &= [2|\psi\rangle\langle\psi| - I]|\psi_1\rangle \\
&= [2|\psi\rangle\langle\psi| - I][|\psi\rangle - \frac{1}{\sqrt{2}}|100\rangle] \\
&= 2|\psi\rangle\langle\psi|\psi\rangle - |\psi\rangle - \frac{2}{\sqrt{2}}|\psi\rangle\langle\psi|100\rangle + \frac{1}{\sqrt{2}}|100\rangle
\end{aligned}
$$

由于$<\psi|100\rangle$是一个基向量，所以有$<100|\psi\rangle = <\psi|100\rangle = \frac{1}{2\sqrt{2}}$，故上式变为

$$
\begin{aligned}
&2|\psi\rangle - |\psi\rangle - \frac{2}{\sqrt{2}}\left(\frac{1}{2\sqrt{2}}\right)|\psi\rangle + \frac{1}{\sqrt{2}}|100\rangle \\
&= \frac{1}{2}|\psi\rangle + \frac{1}{\sqrt{2}}|100\rangle
\end{aligned}
$$

代入$|\psi\rangle = \frac{1}{2\sqrt{2}}|u\rangle + \frac{1}{2\sqrt{2}}|100\rangle$，得

$$
\begin{aligned}
&\frac{1}{2}\left(\frac{1}{2\sqrt{2}}|u\rangle + \frac{1}{2\sqrt{2}}|100\rangle\right) + \frac{1}{\sqrt{2}}|100\rangle \\
&= \frac{1}{4\sqrt{2}}|u\rangle + \frac{1}{4\sqrt{2}}|100\rangle + \frac{1}{\sqrt{2}}|100\rangle \\
&= \frac{1}{4\sqrt{2}}|u\rangle + \frac{5}{4\sqrt{2}}|100\rangle \\
&= \frac{1}{4\sqrt{2}}\sum_{\substack{x=0 \\ x\neq 4}}^{7}|x\rangle + \frac{5}{4\sqrt{2}}|100\rangle
\end{aligned}
$$

可以将$|\psi_2\rangle$写成上式那样的形式：

$$|\psi_2\rangle=\frac{1}{4\sqrt{2}}|000\rangle+\frac{1}{4\sqrt{2}}|001\rangle+\frac{1}{4\sqrt{2}}|010\rangle+\frac{1}{4\sqrt{2}}|011\rangle-\frac{5}{4\sqrt{2}}|100\rangle+\frac{1}{4\sqrt{2}}|101\rangle+\cdots+\frac{1}{4\sqrt{2}}|111\rangle$$

$$=\frac{1}{4\sqrt{2}}\sum_{\substack{x=0\\x\neq 4}}^{7}|x\rangle-\frac{5}{4\sqrt{2}}|100\rangle$$

再进行一次格罗弗迭代会导致以下变换：

$$-\frac{1}{8\sqrt{2}}\sum_{\substack{x=0\\x\neq 4}}^{7}|x\rangle+\frac{11}{8\sqrt{2}}|100\rangle$$

上式的图形表示如图 9.4 所示。注意，$|100\rangle$的振幅远远大于任何式中其他状态的振幅。表明它就是感兴趣的那个状态。

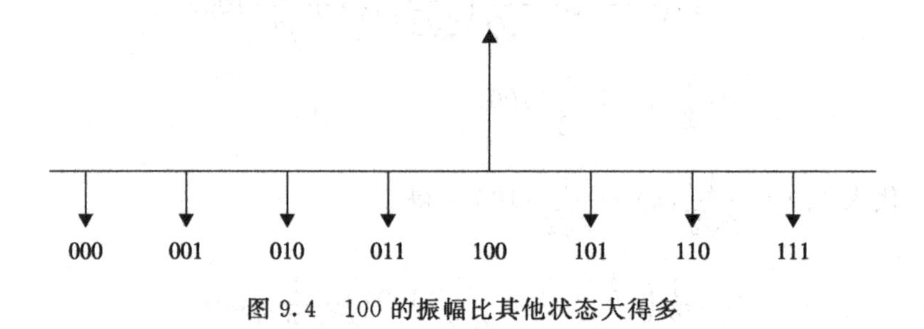

图 9.4　100 的振幅比其他状态大得多

9.4　肖尔因式分解算法

肖尔算法将质因数分解问题简化为有序(或周期)查找问题[8,10,11]。根据数论的结果，当 x 是一个与 N 互质的整数(即 x 与 N 没有公因数)时，函数

$$f(r) = x^r \bmod N$$

是一个周期函数。肖尔算法试图找到 x^a 模 N 的周期 r，其中 N 是要因式分解的数。

整数 x 模 N 的阶数是使下式成立的最小整数 r，

$$x^r = 1 \bmod N$$

比如，对于数字序列

2，4，8，16，32，64，128，256，521，1024，…

如果对上述每一个数字模 15，就会生成一个新的数字序列，该序列由上述数字除以 15 的余数组成：

2，4，8，1，…

如上所示，对 2 的幂模 15，会得到一个周期为 4 的序列。再比如对 2 的幂模 21，得到的序列也是周期性的，周期为 6：

2，4，8，16，11，1，…

肖尔算法的核心思想就是基于数论的这一结果，具体步骤如下。

1. 选择一个等于 2 的幂的整数 q，并定义它的取值范围为

$$N^2 \leqslant q \leqslant 2N^2$$

2. 选择一个与 N 互质的随机整数 x。如果 x 与 N 的最大公约数为 1，即 GCD(x，N)＝1，则称这两个数互质。

3. 创建一个量子寄存器 R，并将其划分为两个独立的寄存器：寄存器 R1 和寄存器 R2。寄存器 R1 称为输入寄存器，它必须有足够的量子位来表示任何 $q-1$ 以内的整数。寄存器 R2 称为输出寄存器，它也必须有足够的量子位来表示任何 $N-1$ 以内的整数。寄存器 R1 和寄存器 R2 必须互相纠缠，以便输入寄存器的坍塌能够致使输出寄存器也坍塌。

4. 对寄存器 R1 的每个量子位应用哈达玛变换。这将使用所有整数 a(从 0 到 $q-1$)的等权叠加来初始化寄存器 R1，也会将 R2 初始化为全 0。初始化完成之后，量子内存寄存器的组合状态将为

$$\frac{1}{\sqrt{q}}\sum_{a=0}^{q-1}|a,0\rangle$$

5. 为存储在寄存器 R1 中的每个数计算 x^a 模 N，并将计算结果存储在寄存器 R2 中。由于量子并行性，x^a 模 N 的计算可以在量子计算机上一步完成。这个步骤完成之后，量子存储寄存器的状态为

$$\frac{1}{\sqrt{q}}\sum_{a=0}^{q-1}|a,x^a \bmod N\rangle$$

6. 测量输出寄存器，得到坍塌后的输出$|c\rangle$。由于输出寄存器坍塌为 c，因此输入寄存器也坍塌为 0 和 $q-1$ 间的各个 a 的等权叠加，这样才能生成坍塌输出$|c\rangle$：

$$x^a \bmod N = c$$

该操作是在量子计算机上执行的。执行后，量子存储寄存器的状态为

$$|\psi_3\rangle = \frac{1}{\sqrt{\|A\|}}\sum_{a'\in A}|a',c\rangle$$

其中 A 是所有满足 $x^a \bmod N=c$ 的 a'的集合，$\|A\|$ 是集合 A 中的元素个数。

7. 对寄存器 R1 应用 QFT(量子傅里叶变换)，当傅里叶变换应用于状态$|a\rangle$时，会将该状态变换为

$$|a\rangle = \frac{1}{\sqrt{q}}\sum_{c=0}^{q-1}\mathrm{e}^{2\pi iac/q}|c\rangle$$

这个变换可以在量子计算机上一步完成。执行后，量子存储寄存器的状态变为

$$\frac{1}{\sqrt{q}}\sum_{a=0}^{q-1}|a\rangle|x^a \bmod N\rangle$$

$$=\frac{1}{\sqrt{q}}\sum_{a=0}^{q-1}\frac{1}{\sqrt{q}}\sum_{c=0}^{q-1}\mathrm{e}^{2\pi \mathrm{i}ac/q}|c\rangle|x^a \bmod N\rangle$$

$$=\frac{1}{q}\sum_{a=0}^{q-1}\sum_{c=0}^{q-1}\mathrm{e}^{2\pi \mathrm{i}ac/q}|c\rangle|x^a \bmod N\rangle$$

8. 接下来测量输入寄存器的状态。整数 c 很可能是 q/r 的倍数，其中 r 就是期望得到的周期。QFT 增加了 x^a 模 N 生成的所有值的概率振幅，而寄存器中的其他值不受影响。这一步可以在传统计算机上执行。

9. 可以在经典计算机上使用连续分式展开[11]，基于 c 和 q 的知识推导出 r 的值。

10. 接下来检查 r 是否为偶数，以及 $x^{\frac{r}{2}}$ 模 N 是否不等于-1。如果这两个条件都成立，则可以通过对 $x^{\frac{r}{2}}+1$ 和 $x^{\frac{r}{2}}-1$ 取 N 的最大公约数(GCD)来确定 N 的因数。

作为肖尔算法的一个实例，考虑 $N=21$ 的因式分解。选择满足算法第 2 步中 $N^2<2^p<2N^2$ 条件的整数 p，比如设 p 为 9，这是满足 2^p 在 N^2 和 $2N^2$ 区间的 p 的最小值。选择一个满足 GCD $(x，21)=1$ 的随机整数 x，假定 $x=11$。

假设长度为 $l(=s+p)$的量子寄存器(由 R1 和 R2 组成)的初始状态为

$$|\psi_1\rangle=|0\rangle|0\rangle$$

其中第一个寄存器 x 有 9 个量子位，第二个寄存器 p 有 5 个量子位。

此时，输入寄存器 R1 与输出寄存器 R2 的组合波函数为

$$|\psi_1\rangle = \frac{1}{\sqrt{512}}\sum_{a=0}^{511}|a\rangle|0\rangle$$

用所有状态 x^a（模 N）的叠加态初始化寄存器 R2：

$$|\psi_1\rangle = \frac{1}{\sqrt{512}}\sum_{a=0}^{511}|a\rangle|11^a(\text{mod } 21)\rangle$$

接下来，在 R2（输出寄存器）上计算函数 $f(a)=11^a \bmod 21$，得到

$$\begin{aligned}
|\psi_2\rangle &= \frac{1}{\sqrt{512}}\sum_{a=0}^{511}|a\rangle|f(a)\rangle \\
&= \frac{1}{\sqrt{512}}\sum_{a=0}^{511}|a\rangle|11^a \bmod 21\rangle \\
&= \frac{1}{\sqrt{512}}(|0\rangle|1\rangle + |1\rangle|11\rangle + |2\rangle|16\rangle + |3\rangle|8\rangle \\
&\qquad + |4\rangle|4\rangle + |5\rangle|2\rangle + |6\rangle|1\rangle + |7\rangle|11\rangle \\
&\qquad + |8\rangle|16\rangle + |9\rangle|8\rangle + |10\rangle|4\rangle \\
&\qquad + |11\rangle|2\rangle + \cdots)
\end{aligned}$$

如下所示，区分 R1 和 R2，上式可以重写为

$$\leftarrow - - \text{R1} - - - \rightarrow \leftarrow \text{R2} \rightarrow$$

$$\begin{aligned}
\frac{1}{\sqrt{512}}[&(|0\rangle + |6\rangle + \cdots + |510\rangle)|1\rangle \\
&+ (|1\rangle + |7\rangle + \cdots + |511\rangle)|2\rangle \\
&+ (|4\rangle + |10\rangle + \cdots)|16\rangle \\
&+ (|3\rangle + |9\rangle + \cdots)|8\rangle \\
&+ (|2\rangle + |8\rangle + \cdots)|4\rangle \\
&+ (|5\rangle + |11\rangle + \cdots)|11\rangle]
\end{aligned} \tag{9.1}$$

从上式可以看出，R2 的阶数为 6，并且将处于以下 6 种状态的叠加态：

$$(|1\rangle, |2\rangle, |4\rangle, |8\rangle, |11\rangle, |16\rangle)$$

一旦被测量，R2 将随机坍塌为六种状态中的一种，坍塌的概率在所有情况下都是相等的。由于 R1 和 R2 互相纠缠，所以测量输出寄存器 R2 也会导致输入寄存器 R1 坍塌成 0 和 511($=q-1$)之间的各个状态的等权叠加，这样才能使输出寄存器的输出为 c。由于 R2 坍塌成 $|4\rangle$，因此 R1 将是所有 85 项的等权叠加，如公式(9.1)所示：

$$\frac{1}{\sqrt{85}}(|2\rangle + |8\rangle + |14\rangle + \cdots + |506\rangle)|4\rangle$$

注意，在上式中，状态是周期性的。这个周期性可以通过对 R1 应用 QFT 来确定。对 R1 应用 QFT 的结果为

$$|\psi_1\rangle = \frac{1}{512}\sum_{a=0}^{511}\sum_{c=0}^{511} \mathrm{e}^{2\pi iac/512}|4\rangle|11^a(\bmod 21)\rangle$$

QFT 在 q/r 的倍数处达到概率振幅的峰值，其中 r 是周期，在本例中 r 为 6，

$$|1\rangle, |2\rangle, |4\rangle, |8\rangle, |11\rangle, |16\rangle$$

由于 $r(=6)$是偶数，而且 $x^{r/2}$ 模 $N \neq -1$(即 $11^3 \bmod 21 \neq -1$)，因此 $N(=21)$可因式分解为：

$$x^{r/2} \bmod N - 1 = (11^{6/2} \bmod 21) + 1 = 9$$

$$x^{r/2} \bmod N - 1 = (11^{6/2} \bmod 21) - 1 = 7$$

两个因子为

$$\mathrm{GCD}(9, 21) = 3, \quad \mathrm{GCD}(7, 21) = 7$$

参考文献

1. D. Deutsch, Quantum theory, the Church-Turing Principle and the universal quantum computer, *Proc. Royal Society*, London A, 400:97, 1985.
2. D. Deutsch and R. Jozsa, Rapid solution of problems by quantum computation, *Proc. Royal Society*, London A, 439:553, 1992.
3. Phillip Kaye, Raymond Laflamme, and Michele Mosca, *An Introduction to Quantum Computing*, Oxford University Press, 2007.
4. John Wright, Quantum Computation (CMU 15-859BB) Lecture Notes, Lecture 4: Grover's Algorithm, Carnegie Mellon University, Pittsburgh, Sep. 2015.
5. C. Lavor, L. R. U. Manssur, and R. Portugal, Grover's Algorithm: Quantum Database Search, arXiv:quant-ph/0301079v1, Cornell University Lebrary, Ithaca, New York, 2003.
6. E. Strubell, *An Introduction to Quantum Algorithms*, UMass-Amherst Tutorial, COS498, Spring 2011.
7. John Watrous, CPSC 519/619: Lecture 4, Quantum Teleportation; Deutsch's Algorithm, University of Calgary, January 26, 2006.
8. Mark Oskin, Quantum Computing—Lecture Notes, University of Washington, February, 2014.
9. John Watrous, CPSC 519/619: Lecture 5, A Simple Searching Algorithm; Deutsch-Jozsa Algorithm, University of Calgary, January 31, 2006.
10. C. Lavor, L. R. U. Manssur, and H. Portugal, Shor's algorithm for factoring large integers, arXiv:quant-ph/0303175, Cornell University Library, Ithaca, New York, 2005.
11. Elisa Baumer, Jan-Grimo Sobez, and Stefan Tessarini, Shor's Algorithm, qudev.phys.ethz.ch/content/QSIT15/, Switzerland, May 15, 2015.

第 10 章

量子密码学

在商业和国防应用中，信息和数据的安全传输都是至关重要的。安全传输是指通过安全信道，利用各种方式将数字位流或数字化模拟信号从一个位置传输到另一个位置。这类系统的主要弱点是连接用户与系统的物理通道。未经授权的用户不得访问通过该通道传输的数据。

密码学的作用在于使未经授权接收信息的任何人即使接收到信息也无法理解该信息，这主要是靠将消息与一些称为密钥的附加信息组合在一起实现的。对消息进行伪装以隐藏其内容的过程被称为加密。很多安全传输方法都需要某种类型的加密。将加密之前的消息称为明文，加密后的消息称为密文。将密文转换为明文的反向过程称为解密，加密信息所需的两个主要组件是算法与密钥。通常算法是已知的，而密钥是保密的，如果不使用密钥，就无法从加密的数据中提取消息。

例如，可以使用以下规则对消息进行加密：

将消息中的每个 A 替换为 D，每个 B 替换为 E，以此类推。

对下面的消息使用该规则：

明文：RETREAT

则对应的密文为：

密文：UHWUHDW

只有按反向移 3 个字母的规则才能破译这条消息，它是通过对一个移位字母的新位置模 26 来推导的。因此对下面的密文进行解密：

密文：DWWDFN

可以得到其明文为

明文：ATTACK

密码学的主要目标是加强信息安全，提供以下四项服务：

- 保密性：保护信息不被泄露给任何未经授权的人，也就是说，不让任何身份未经核实的人知道这些消息。
- 完整性：识别对数据的任何更改。接收方应该能够验证消息在从发送方到接收方的传输期间没有被更改，换句话说，任何入侵者都无法在不被检测到的情况下用假消息替换原始消息。因此，数据完整性能够检测到任何未经授权的数据操作，尽管它不能阻止这种操作。
- 身份验证：接收方对消息的发送方进行可靠标识的过程。换句话说，身份验证就是证实一方收到的信息确实是由另一方发送的，且另一方的身份已经得到核实。
- 不可否认性：消息的发送者不能事后故意否认他发送过消息。

综上所述，安全系统必须符合以下要求：

- 允许合法用户在需要时访问系统。
- 防止未经授权的用户访问系统。

第10章 量子密码学

10.1 信息安全原理

信息安全可以通过使用对称密钥加密或公钥加密来实现。贝尔实验室的克劳德·香农在1949年发表了关于对称密钥加密的基础理论。在这种加密方法中，使用单个密钥对消息进行加密和解密。共享密钥的主要优点是，通过共享少量的密钥位，可以秘密地传递大量的信息。

对称加密系统的一个主要要求是建立一个安全的密钥机制。如果密钥被破坏，假冒者就可以对消息进行解密，系统的安全性将不再得到保证。为了增强安全性，可以为每一对用户使用单独的一对密钥，但是，这将导致密钥数量急速增长。例如，在有 n 个人的小组中，所需的密钥数为 $[n(n-1)]/2$。使用对称密钥加密的最大挑战仍然是安全密钥的分发。

另一种安全系统称为公钥加密系统，这种系统使用起来非常方便，主要依赖于一种公开已知的算法。例如，互联网的安全就是部分地基于这样的系统。公钥系统使用单独的密钥进行加密和解密。这些密钥在数学上是相关的，一个密钥用于加密，另一个密钥用于解密消息并恢复原始消息。例如，如果A希望与B进行通信，则A首先选择私钥。这把私钥不会泄露给任何人。然后A和B交换它们的公钥。要向B发送消息，A首先使用公钥对消息进行加密，然后将其传输给B。B使用自己的私钥从密文中提取相应的明文。

包含 n 个人的小组的公钥系统需要 $2n$ 个密钥，即 n 个公钥和 n 个私钥。公匙系统相对于私匙系统最重要的优点是无须发送者和接收者透过某个安全通道共享密钥，所有通信都只涉及公钥，私钥永远不会被传输或共享。

在私钥加密系统中，密文的安全性完全依赖于密钥的保密性。密钥必须由足够长的随机选择的位串组成。如前所述，私钥密码系统有一个很大的缺点，它需要在双方之间共享密钥。入侵者可能会在交换密钥时复制密钥，这会严重危害系统的安全性。因此，私钥密码系统完全依赖于密钥的保密性。

公钥密码系统不存在密钥分发问题。它的安全性依赖于这样一个事实，即假定一个数为两个非常大的质数的乘积，计算这个数的因式分解在计算上是不可行的。已经证明，量子计算机可以在多项式时间内推导出非常大的数的质因数(参见第 9 章的肖尔算法)。因此，如果量子计算成为现实，公钥密码学将变得不安全。量子密码学通过使用一组光子对共享密钥进行加密，从而避免了所有这些问题。

10.2 单次密本

维尔南提出了一种称为单次密本的加密方案[1]，该方案使用随机密钥对数据进行加密。“单次密本”表示密钥只使用一次就再也不用了。将密码通信中的发送者标识为 Alice，接收者标识为 Bob，入侵者标识为 Eve。密钥必须具有与要传输的数据相同的位数，并且还必须由完全随机的位组成，除了发送方和接收方之外，密钥对所有人都保密。如上所述，这个密钥只使用一次，发送方和接收方都必须在使用后销毁密钥。单次密本的工作原理如下。

由 Alice 加密：

$$c_i = d_i + k_i,\quad i = 1, 2, 3, \cdots$$

其中 d_i 为数据位，k_i 是密钥位，c_i 是加密的数据位。

由 Bob 解密：

$$d_i = c_i + k_i,\quad i = 1, 2, 3, \cdots$$

因此，Alice 通过将随机生成的密钥与数据进行异或运算来加密要发送给 Bob 的数据。Bob 使用相同的密钥与接收的数据进行异或运算可以恢复加密的数据。图 10.1 说明了密钥为 100010000101100 的加密方案。

	Alice	Bob	
d_i	000010010110000	100000010011100	c_i
+			+
k_i	100010000101100	100010000101100	k_i
c_i	100000010011100	000010010110000	d_i

图 10.1　单次密本示例

单次密本的一个主要缺点是发送方和接收方必须以某种方式交换他们使用的密钥。比如，在图 10.1 所示的例子中，Alice 和 Bob 在传输加密信息之前互相共享密钥 k_i。第三方可能会截获发送方和接收方之间的通信，并获取密钥，从而危害数据传输的安全性。因此，密钥的安全分发是安全通信的前提，这就是所谓的密钥分发问题。

10.3　公钥加密技术

正如本章前面所讨论的，公钥密码系统中的通信方使用两个独立的密钥——公钥和私钥。顾名思义，公钥可以被任何人访问，而私钥是保密的。图 10.2 展示了公钥密码系统的加密和解密过程。

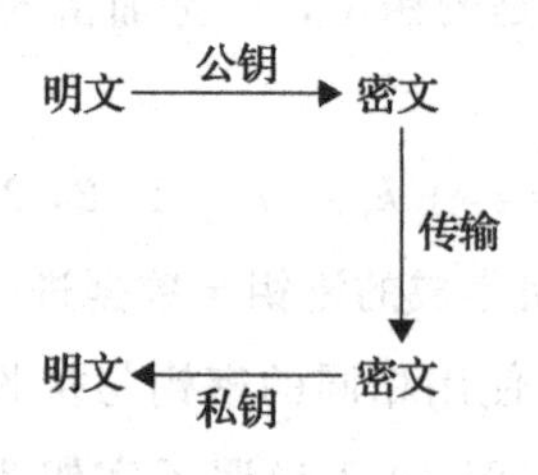

图10.2　公钥密码系统

公钥加密技术使用的编码与解码方法是采用一类特殊的单向函数实现的，这种单向函数又被称为陷门单向函数[2]。如果对于任意输入 x，函数值 $f(x)=y$ 很容易计算，但反过来从 $f(x)$ 计算对应的 x 则困难得多，除非已知一些信息(陷门)，那么这个函数 $f(x)$ 就被认为是一个单向函数。比如，两个质数相乘生成一个合数很容易，而要把一个合数(特别是一个非常大的整数)分解成两个质数的乘积却极其困难，除非其中一个质数是已知的。显然，计算 67×83 要比求出 5761 的质因数快得多。不过如果已知一些额外的信息，该问题也很容易被解决，比如已知 67 是 5761 的一个质因数。

需要记住的重要一点是，与对称加密不同，公钥加密中的两个密钥的作用不同，公钥是唯一可以加密发送数据的密钥。任何想要使用公钥的人都可以自由地使用它。它们可以作为电子邮件附件分发，也可以通过存储大量公钥的公钥链服务器分发。虽然任何人都可以获得公钥，但是加密数据只能由知道对应私钥的一方解密。这就避免了私钥的分发，从而防止任何未经授权的一方访问私钥。另外，即使公钥落入未授权的人手中，他们也不可能从加密密钥中获得解密密钥，因为这在计算上是不可行的。

使用公钥加密的过程相对简单。发送消息时，发送方(Alice)通过电子邮件或从存储大量公钥的密钥链服务器获取 Bob(接收方)公钥的副本。然后将生成的加密消息发送给 Bob，Bob 使用私匙来恢复原始消息。

公钥加密技术的优点在于，加密消息时无须任何初始的密钥安全交换。但是它需要更长的密钥来提供与对称加密相同的安全级别。较新的一种称为*椭圆曲线加密*的公钥加密方法，能以相近的密钥长度提供与对称加密一样的安全级别[3]。

10.4 RSA 编码方案

RSA(李维斯特、萨莫尔和阿德曼)技术是一种广泛使用的公钥加密系统[4]。该技术通过选择两个较大的质数 p 和 q，使 $N=p\cdot q$，简化了公钥和私钥的生成。然后选择一个随机的正整数 e，使其与 $(p-1)(q-1)$ 互质，称 e 为*加密常数*。然后，根据 $e\cdot d=1 \bmod (p-1)(q-1)$，导出*解密常数* d。公钥为 (N, e)，私钥为 d。

需要指出的是，虽然 N 是公开的，但 N 的因子 p 和 q 是保密的。显然，如果一个入侵者可以通过对 N 因式分解找到 p 和 q，那么它就可以使用公钥的 e 从式 $e\cdot d=1 \bmod (p-1)(q-1)$ 中导出私钥 d。RSA 算法的步骤如下。

1. 生成两个大的质数 p 和 q，令 $n=p\cdot q$。

2. 令 $\varphi=(p-1)(q-1)$。

3. 选择一个与 φ 互质的数 e，所谓互质是指 a 和 b 两个数没有除 1 以外的公因数，*互质*也被称为*互素*。

4. 选择 e，$1<e<\varphi$，使得 $\mathrm{GCD}(e, \varphi)=1$，整数 a 和 b 的 GCD(最大公约数)是能够整除这两个数的最大整数。

5. 找到能使 $de\equiv 1 \bmod \varphi$ 成立的 d。$a\equiv b(\bmod n)$表示 a 和 b 同余，也就是说，a 和 b 除以 n 的余数是相同的。

6. 加密：计算 $c=m^e \bmod n$，其中 m 为消息块，用数字 $0<m<n-1$ 表示，c 为加密消息。

7. 解密：计算 $m=c^d \bmod n$。

10.5 量子密码学

根据量子理论，光是一种电磁波，由许多称为光子的粒子组成，每个光子有特定的能量 hf 和波长 c/f。光有一对相互垂直的电场和磁场，如图 10.3 所示。如果一束光的电场分量沿一个方向振动(如图 10.3 所示的垂直方向)，则称这束光沿这个方向偏振[5]。

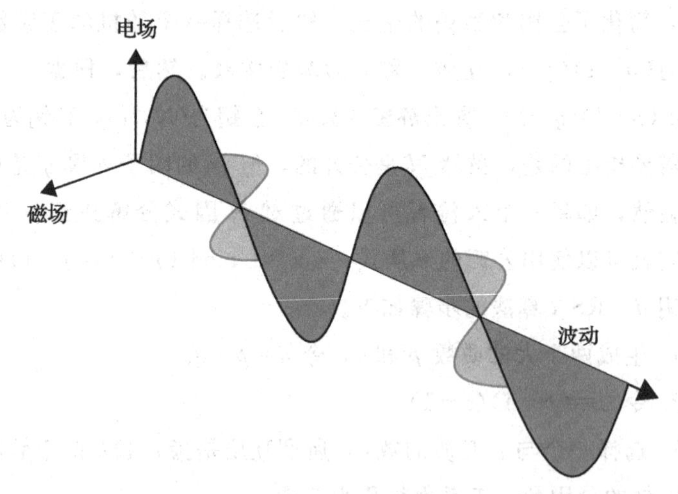

图 10.3 电磁波的传播(参考文献[5])

将一束普通的光通过一个特定偏振角度的滤光片可以生成偏振光子。入射到滤光片上的光子要么通过它，要么被阻挡。不管滤光片的初始偏振方向如何，通过滤光片的光子的方向总是与滤光片的方向保持一致。

如图 10.4 所示，使用适当的滤光片可以使光子偏振为以下两种基之一：直线或对角线。只有当光子的偏振与滤光片对齐时，滤光片才允许光子通过滤光片。在直线模式下，只有水平偏振或垂直偏振的光子才能通过偏振滤光片。而在对角线模式下，只有偏振角度为＋45°或－45°的光子才能通过偏振滤光片。所以，在直线模式下，用方向｜和—分别表示 0°和 90°，而在对角线基下，用方向\和/分别表示＋45°和－45°。

+　　　　×

直线模式　　　　对角线模式

图 10.4　光子的偏振模式

海森堡测不准原理表明，某些被称为非对易性的属性对是相互关联的，因此不可能同时对它们进行测量，称这样的属性对为共轭对。直线偏振和对角线偏振就构成了这样一个具有非对易性的共轭对。因此，具有 0°/90°方向的滤光片可以正确地检测出直线偏振光子，同样，具有＋45°/－45°方向的滤光片可以检测出对角线偏振光子。但是，如果使用对角线偏振滤光片来检测一个垂直偏振的光子，或者使用直线偏振滤光片来检测一个对角线偏振的光子，结果是随机的且具有相等的概率，光子将丢失它以前状态的所有信息。

10.6 量子密钥分发

如前所述，密钥分发允许在两个或多个参与方之间共享密钥(如私钥)，以便他们能够安全地共享诸如私钥之类的信息，然后就可以使用密钥对通过不安全通道进行通信的消息进行加密。如前所述，密钥分发是私钥加密的一个主要弱点。

为克服这个缺陷，量子密码学提出了一种在两个独立方之间共享随机密钥的安全方法。量子密钥的另一个优点是，发送方和接收方可以很容易地验证密钥是否被篡改。这里需要强调的是，QKD(量子密钥分发)并不是一种对数据进行加密和解密的技术，它只应用于私钥的安全分发。

顾名思义，量子密码学是一种特殊形式的密码学，为了确保无条件的安全性，它依赖于量子力学定律。它起源于 1969 年哥伦比亚大学的学者史蒂芬·威斯纳的一个新奇的想法[6]：

1. 光子偏振不能在不相容的基(直线/对角线)上同时被测量。

2. 量子粒子的单个性质的信息，如一个光子的偏振性，是无法得到的。

3. 窃听者在不改变消息含义的情况下访问 Alice 和 Bob 之间的消息是不可能的。

4. 未知的量子态是不可能被复制的。

一旦密钥被成功传输，就可以使用经典的对称密码(如单次密本)对消息进行加密，然后通过电话或电子邮件等传统方式对加密消息进行传输。因此，对称密钥结合量子密钥分发可以保证私钥的安全生成与传输。更重要的是，对于目前新出现的攻击策略，量子密钥分发仍然是安全的，不会被窃听。

10.7　BB84

受威斯纳方案的启发，班奈特和布拉萨德提出了一种量子密钥分发协议[7]，该协议被称为 BB84，它允许发送方(Alice)向接收方(Bob)发送光子。Alice 和 Bob 通过单向量子信道和双向公共信道进行通信。Alice 有一个单光子源和两个偏振滤光片——一个直线滤光片和一个对角线滤光片。图 10.5 展示了一个量子密钥分发系统。

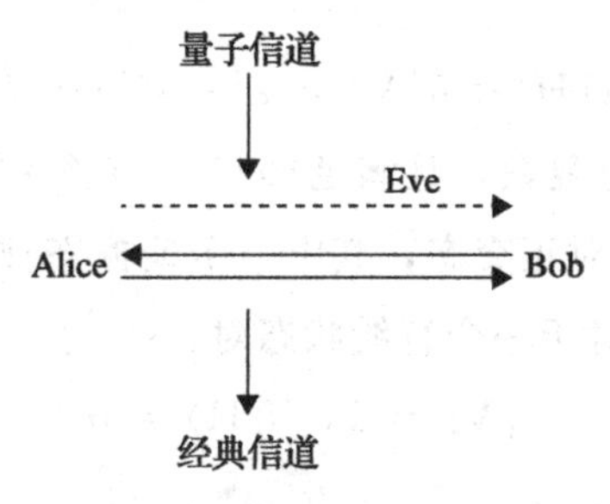

图 10.5　量子密钥分发系统

但是量子信道很容易被窃听者操纵。Alice 和 Bob 必须确保窃听者(Eve)不能窃听量子信道，也不能监听经典信道上的信息交换。

光子的自旋有三种形式：水平自旋、垂直自旋和对角自旋。一个非偏振光子同时具有所有三个自旋态。通过偏振滤光片，光子可以被偏振到只允许特定的自旋通过，其他的自旋则会被消除。此外，因为量子力学的线性特性不允许克隆未知的量子态(见第 7

章)，因此单光子无法被复制。

BB84 协议可以利用偏振的单光子来实现。Alice 传输一个光子，该光子可以是直线基形式的，也可以是对角线基形式的。在每个基中，光子的一个方向表示逻辑 0，另一个方向表示逻辑 1，这是 Alice 和 Bob 在密钥形成之前就达成的协议。

请注意，在实际的量子密码学中，量子位是由光子的偏振态来表示的。随机偏振光子的偏振态是任意一对正交态的叠加，如：

- 水平(H)和垂直(V)偏振
- $+45°$或$-45°$对角线偏振

因此，光子的偏振可以用量子位来表示，量子位的状态表示为

$$|\psi\rangle = a|\mathrm{H}\rangle + b|\mathrm{V}\rangle = c|+45°\rangle + d|-45°\rangle$$

其中 a、b、c、d 是复数，且满足$|a|^2+|b|^2=|c|^2+|d|^2$。

对于选定的一对正交态，其中一个偏振态被认为是$|0\rangle$，另一个为$|1\rangle$。例如，对于一个直线状态对：

$$|\mathrm{V}\rangle = 1, \quad |\mathrm{H}\rangle = 0$$

对于对角线状态对：

$$|+45°\rangle = 1, \quad |-45°\rangle = 0$$

因此，光子可以被认为是一个带有一位量子信息的量子位。

图 10.6 列出了单个光子的基、角度、偏振态及对应逻辑值。比如在直线(⊕)模式中，方向 | 和 — 分别表示 1 和 0；在对角线(⊗)模式中，方向 \ 和 / 分别代表 1 和 0。

为执行 BB84，Alice 和 Bob 必须首先就如何在每个滤波片的偏振方向上对量子位进行编码达成一致。也就是说他们首先应形成一个类似于图 10.6 所示的表格。

基	角度	偏振	逻辑值
⊕	0°	—	0
⊕	90°	∣	1
⊗	45°	/	0
⊗	−45°	\	1

图 10.6　单光子特性

BB84 协议的具体步骤如下：

1. Alice 生成一个 0 和 1 的随机二进制序列。然后她用随机选择的偏振(如图 10.6 所示)替换二进制序列中的每一位。理论上任何量子粒子都可以用来代替量子位，不过由于光子可以在不退相干的情况下传输更长的距离，因此它是首选粒子。

2. Alice 通过量子信道将对应于二进制序列中每一位替换的光子发送给 Bob，同时记录发射光子的偏振基和逻辑值。

3. 由于 Bob 并不知道 Alice 选用的光子偏振基，他在两种偏振基中随机选择一种。如果他选择的偏振基与 Alice 相同，偏振就会被正确地记录下来。否则，接收光子的初始偏振丢失，变为一个随机偏振。有时由于检测或传输中的错误，Bob 也可能什么都没有记录。

4. 一旦 Bob 接收到 Alice 发送的所有光子，他就会确认已经接收并测量了所有的光子。与 Bob 接收到的光子相对应的位串就称为*原始密钥*。

5. 接下来，Bob 通过公共信道公布他对每个光子选择的偏振基。由于 Bob 只透露偏振基，并没有透露他接收到的信息，所以这不会造成任何安全问题。这样窃听者就无法获得与密钥形成有关的任何信息。

6. 接着 Alice 和 Bob 对他们各自选择的偏振基进行比较，丢弃所有不匹配的偏振基。换句话说，Alice 和 Bob 只保留了那些具有相同偏振基的位。由于 Alice 和 Bob 都是随机选择偏振基，所以匹配和不匹配的概率几乎相等。因此将近 50%的量子位可以用来生成密钥。请注意，因为 Alice 和 Bob 都无法决定最终会生成什么样的密钥，所以密钥是真正随机的。

举例来说，假设 Alice 要发送以下信息给 Bob：

二进制序列 1 0 0 1 1 0 1 0

Alice 选择了以下偏振基进行位转换：

偏振基 + × + × × × + +

生成的单光子偏振为：

偏振 | / — \ \ / | —

Bob 通过随机选择一种光子偏振基来检测他接收到的每个光子的状态。如果他猜对了 Alice 用来发送特定光子所使用的偏振基，那么显然他能够检测到正确的光子方向以及光子表示的正确逻辑值。例如，如果 Alice 使用直线基发送 1(就像上面的二进制序列中的第一位)，而 Bob 选择相同的偏振基，那么他一定会收到 1。但是如果 Bob 选择了对角线偏振基，他收到 1 的概率降低到 50%，而且有 50%的概率会收到 0。Bob 选择的模式和其对应生成的光子偏振为：

模式	+	+	×	×	+	×	+	×
偏振	|	—	/	\	|	/	|	/

所有的位发送完毕后，Alice 会通过公共信道告诉 Bob 她用来

发送每个光子的偏振基，但并不会告诉 Bob 基的方向。Bob 也会通过公共频道告诉 Alice 他选用的偏振基。如果 Bob 选用的偏振基与 Alice 的不同，那么他就会忽略相应的位。他们只保留那些偏振基完全匹配的位，其余位将会被丢弃。统计意义上，只有 50%的传输位是一致的，这些位被用作密钥。这个较短的密钥被称为筛选密钥。下例演示了 BB84 密钥生成协议：

<table>
<tr><td>Alice 的随机二进制序列</td><td>1</td><td>1</td><td>1</td><td>1</td><td>0</td><td>1</td><td>0</td><td>1</td><td>0</td><td>1</td><td>1</td><td>0</td></tr>
<tr><td>Alice 的偏振基</td><td>⊗</td><td>⊗</td><td>⊕</td><td>⊗</td><td>⊕</td><td>⊗</td><td>⊕</td><td>⊗</td><td>⊕</td><td>⊕</td><td>⊕</td><td>⊗</td></tr>
<tr><td>Alice 的偏振</td><td>\</td><td>\</td><td>|</td><td>\</td><td>—</td><td>\</td><td>—</td><td>\</td><td>—</td><td>|</td><td>|</td><td>/</td></tr>
<tr><td>Bob 的偏振基</td><td>⊗</td><td>⊕</td><td>⊗</td><td>⊗</td><td>⊗</td><td>⊕</td><td>⊕</td><td>⊗</td><td>⊗</td><td>⊗</td><td>⊕</td><td>⊕</td></tr>
<tr><td>Bob 的偏振</td><td>\</td><td>|</td><td>\</td><td>\</td><td>/</td><td>|</td><td>—</td><td>\</td><td>/</td><td>\</td><td>|</td><td>—</td></tr>
<tr><td></td><td>↑</td><td></td><td></td><td>↑</td><td></td><td></td><td>↑</td><td>↑</td><td></td><td></td><td>↑</td><td></td></tr>
<tr><td>密钥</td><td>1</td><td></td><td></td><td>1</td><td></td><td></td><td>0</td><td>1</td><td></td><td></td><td>1</td><td></td></tr>
</table>

请注意，在这种情况下，筛选密钥只有不到 50%的原始密钥位。因此，BB84 本质上使用效率极低，因为很多密钥位(高达 50%)在密钥生成过程中被丢弃，如上例所示。

参考文献[8]中提出了简化版的 BB84 协议。该简化版只使用直线和对角线两种状态来分别表示 0 和 1，而不是 BB84 中的四种状态。帕斯奎努奇等人[9]提出了一种协议，该协议使用三个正交基和六个状态来对密钥位进行编码。因此，入侵者必须从三个可能的正交基中正确选择发送方和接收方使用的正交基，这增加了入侵者在选择正确正交基时出错的可能性，从而更容易地进行入侵检测。

斯卡拉尼等人[10]在 2004 年提出了 BB84 协议的另一种变体 SARG04。该协议的第一阶段与 BB84 的第一阶段相同。但在第二阶段，当 Alice 和 Bob 确定偏振基匹配的那些位时，Alice 会发布一对非正交基，但她并不是用这对基来编码数据，而是从这对非正交基中选择一个基对密钥位进行编码。在接收端，如果 Bob 选用了与 Alice 相同的基，那么他就可以正确地测量偏振态。否则，数据无法预知。如果没有错误，筛选阶段后剩余的密钥长度为原始密钥的 1/4。

SARG04 协议可以提供几乎与 BB84 相同的安全性。但是 SARG04 可以比 BB84 协议更有效地抵御 PNS(光子数分裂)攻击。PNS 漏洞主要是因为 Eve 可以在公钥筛选阶段之后带走其中一个光子，然后从该光子中获得所有信息[11]。

10.8 Ekart91

Ekart91 是一个三态协议，使用了 6.4 节中讨论的 EPR 悖论。该协议可以用 EPR 光子对的三种偏振态来描述[12]。例如，三种可能的状态为

$$|\varphi_0\rangle=\frac{1}{\sqrt{2}}(|0\rangle_1|90\rangle_2-|90\rangle_1|0\rangle_2)$$

$$|\varphi_1\rangle=\frac{1}{\sqrt{2}}(|30\rangle_1|120\rangle_2-|120\rangle_1|30\rangle_2)$$

$$|\varphi_2\rangle=\frac{1}{\sqrt{2}}(|60\rangle_1|150\rangle_2-|150\rangle_1|60\rangle_2)$$

这些状态对应的逻辑值 0 和 1 为

$$|\varphi_0\rangle|0\rangle=\text{逻辑值 }0$$

$$|90\rangle=\text{逻辑值 }1$$

$$|\varphi_1\rangle\ |30\rangle = \text{逻辑值 } 0$$

$$|120\rangle = \text{逻辑值 } 1$$

$$|\varphi_2\rangle\ |60\rangle = \text{逻辑值 } 0$$

$$|150\rangle = \text{逻辑值 } 1$$

在 BB84 中，Alice 和 Bob 之间的通信分为两个阶段，一个阶段在量子信道上，另一个阶段在公共信道上。

首先从集合{$|\varphi_0\rangle$，$|\varphi_1\rangle$，$|\varphi_2\rangle$}中随机选择状态创建一对 EPR 光子对。通过量子信道将 EPR 对中的一个光子发送给 Alice，另一个发送给 Bob。对于他们接收到的每一个光子，Alice 和 Bob 从三个测量光子的算子中随机且独立地选择一个算子，用选定的算子测量各自的光子。Alice 记录她的测量位，Bob 则记录他的测量位的补码。对所有的光子重复该过程。

在第二阶段的第一步，他们通过公共信道公布用于每个位槽测量的基。他们将测量结果分为两组：

1. 第一组由使用相同测量算子的位组成。
2. 第二组由使用不同测量算子的位组成。

既没有在第一组也没有在第二组中测量的所有光子都会被丢弃。第一组用于建立原始密钥，而包含所有剩余位的第二组称为**拒绝密钥**。

与 BB84 不同，EPR 协议并不会丢弃被拒绝的密钥位，而是利用拒绝密钥测试入侵者的存在。在第二阶段的第二步，Alice 和 Bob 公布了他们各自在使用不同算子的情况下得到的测量结果。假如 Alice 和 Bob 随机独立地选择了测量算子，那么他们得到的测量结果之间的相关性就与 CHSH 不等式相同，等于 $-2\sqrt{2}$[13]。如果这个值有较大的变化，则表明有窃听者存在。反之，如果 CHSH 不等式成立，则 Alice 和 Bob 就可以确信他们得到的完全反相关的结果可以被转换成一个密钥。

由于量子纠缠，当 Alice 和 Bob 使用相同的测量基时，他们应该期待得到相反的结果。这就意味着如果 Alice 和 Bob 将他们的测量结果都理解为位(如前所述)，那么他们各自都有一个位串，这两个位串互为二进制补码。任何一方都可以反转他们的密钥并共享一个私钥，然后他们可以使用这组公共私钥对其消息进行加密和解密，并进行秘密通信。不过每个密钥只能使用一次，不能重复使用，这样才能保证密钥是完全随机的。

在光子传输过程中，窃听者 Eve 无法从光子获得任何信息，因为信息只有在经过测量并将结果传递给合法用户之后才能在光子中生成。

如果 Eve 试图检测来自光源的光子，由于她不知道 Bob 使用的是哪个测量基，所以她只能自己随机选择测量基。那么，大约有一半的概率她选用的测量基与 Bob 的不同。假设 Alice 发送了某种偏振光子，其中一些被 Eve 和 Bob 都接收到了。如果 Eve 选用的测量基与 Alice 的不同，而 Bob 选用的测量基与 Alice 相同，那么由于 Alice 和 Bob 都使用了相同的测量基，因此他们将保留得到的数据。但由于 Eve 选用了错误的测量基，她自然无法知道 Alice 和 Bob 得到的结果是什么。

反过来，如果 Eve 选用了与 Alice 相同的测量基来测量偏振光子，而 Bob 选用的测量基与 Alice 的不同，那么 Eve 就会知道 Alice 发送的偏振，但是由于 Bob 没有选择正确的测量基，因此 Alice 和 Bob 会丢弃结果。

参考文献

1. G. S. Vernam, "Cipher Printing Telegraph Systems for secret wire and radio telegraphic communications," *J. AIEE* 45, pp. 109–115, 1926.
2. W. Diffie and M. Hellman, "New directions in cryptograph," *IEEE Trans. Information Theory*, Vol. 22, No. 6, 1976.
3. I. F. Blake, G. Seroussi and, N. P. Smart, "Elliptic curves in cryptography," London Mathematical Society, Lecture Note Series, 265. Cambridge University Press, Cambridge, 2000.
4. R. Rivest, A. Shamir, and L. Adleman, "A method for obtaining digital signatures and public key cryptosystems," *Communications of the ACM*, 21, pp. 120–126, 1978.
5. "The BB84 protocol for quantum key distribution," Quantum Gazette: Exploration into quantum physics and science writing Sept. 22, 2016.
6. Nikolena Ilic, "The Ekert protocol," *J. Phy*. Vol. 334, No. 1, 2007.
7. C. H. Bennett and G. Bassard, "Quantum cryptography: Public key distribution and coin tossing," *International Conference on Computers, Systems & Signal Processing*, pp. 175–179, 1984.
8. C. H. Bennett, "Quantum cryptography using any two non-orthogonal states," *Phys. Rev. Lett.*, Vol. 68, pp. 3121–3124, 1992.
9. H. Bechmann-Pasquinucc and N. Gisin, Incoherent and coherent eavesdropping in the six state protocol of quantum computing," *Phys. Rev.*, Vol. A59, pp. 4238–4248, 1999.
10. A. Scarani, A. Acin, G. Ribordy, and N. Gisin, "Quantum cryptography protocols robust against photon number splitting attacks," *Phys. Rev. Lett.*, Vol. 92, No. 5, pp. 057901, 2004.
11. Sheila Cobourne, "Quantum Key Distribution Protocols and Applications," Technical Report, RHUL-MA-2011-05, 2011.
12. A. K. Ekert, "Quantum cryptography based on Bell's Theorem," *Phys. Rev. Lett.*, Vol. 67, p. 661, 1991.
13. J. F. Clauser, M. A. Horne, A. Shimony, and R. A. Holt, "Proposed experiment to test local hidden-variable theories," *Phys. Rev. Lett.*, 23 (15):880–884, 1969.